KB082964

편식 걱정
뚝!
건강 유아식

영양학자와 요리전문가가 함께 만들었어요

편식 걱정 뚝!
건강 유아식

달고 짜고 맵지 않은 건강한 레시피

요리헤라 김보은
영양학자 안소현

SOULHOUSE

두 아이의 엄마이자 요리 전문가 김보은

매일 두 아이를 위한 밥상을 차리는 것은 요리 전문가인 저에게도 큰 숙제입니다. 이왕이면 신선하고 영양가 있는 재료를 사용하려고 채소와 육류는 일주일에 두세 번 장을 봐서 조리하고, 가공품을 살 때는 식품표시와 영양표시를 꼼꼼히 따져 읽지요. 농약을 깨끗이 제거하기 위해 초음파세척기를 들여 놓고, 쌀의 영양분을 제대로 전달해 주고 싶어서 가정용 도정기까지 들여놨을 정도니 제 정성도 대단하지요? 그러나 꾸물대는 아이들을 재촉해 유치원과 학교에 보내느라 바쁜 아침, 빨리 놀이터로 나가고 싶어 안달 난 점심에 밥과 국, 반찬으로 이루어진 밥상을 챙겨 주기가 쉽지 않았습니다. 게다가 아무리 맛있게 만들어 주어도 싫어하는 채소가 들어 가거나 조금만 맵고 낯선 식재료를 사용하면 입에도 안 대는 아이들 때문에 결국 아이들이 잘 먹는 재료와 조리법을 사용한 요리만 하게 되더라고요. 그러면서 과연 내가 아이들에게 건강한 밥상을 차려 주고 있는지 의심하게 되었습니다. 여느 엄마들처럼 저도 아이 밥상 문제로 고민하게 된 것입니다.

이 책은 저처럼 아이 밥을 놓고 고민에 빠진 엄마들을 위한 요리책입니다. 어떻게 하면 아이가 잘 먹으면서도 건강한 밥상을 차려 줄 수 있을지 고민하며 레시피를 만들었습니다. 아침, 점심은 아이들이 뚝딱 먹을 수 있는 간단한 한 그릇으로 준비하고, 가족이 함께 먹는 저녁 밥상은 밥, 국, 반찬을 고루 담았습니다. 채소, 고기, 생선 등 다양한 식재료를 고루 사용하고, 가급적 달고 짜고 맵지 않게 조리했어요. 맛 또한 놓칠 수 없지요. 사실 아이들은 튀기거나 볶은 요리를 즐겨 먹지만 건강을 생각해서 최소한의 기름과 양념으로 아이들의 입맛을 사로잡을 수 있는 레시피를 만들었어요.

이제 아이들이 어느새 십 대가 되었네요. 아빠를 위해 만들어 놓은 소스를 슬그머니 자기 앞으로 가져다가 먹기도 하고, 아예 처음부터 좀 얼큰하게 국을 끓여달라 말하는 걸 보면 입맛도 같이 자란다는 것을 느끼게 됩니다. 여전히 처음 보는 식재료에는 선뜻 젓가락이 가지 않지만 호기심은 왕성해졌어요. 지나온 날의 고생이 조금씩 빛을 보는 느낌이랄까요. 여러분에게도 이 책이 아이들을 위한 건강한 밥상을 차리는 데 조금이나마 도움이 되길 바랍니다.

세 아이의 엄마이자 영양학 박사 안소현

"아이가 어렸을 때 어떤 음식을 먹고 어떤 식문화를 겪으며 생활했는지가 평생의 입맛과 평생의 건강에 영향을 미친다." 대학 시절 한 교수님께서 해 주신 말씀입니다. 당시엔 다소 과장되게 느껴졌던 그 말이 아이를 낳아 키우다 보니 얼마나 중요한 이야기였는지를 실감하게 됩니다.

모든 엄마는 내 아이에게 영양가 있고 좋은 음식을 먹이고 싶어 합니다. 그러나 먹거리가 부족하지 않은 현대 사회에서도 소아비만과 영양불균형, 아토피, 성조숙증과 같은 문제들이 엄마의 불안함을 키우며 어떤 음식이 좋은 음식인지 판단하기 어렵게 만듭니다. 더군다나 아이가 편식한다면 엄마의 고민은 더 커질 수밖에 없습니다.

우리는 주로 곡류, 고기·생선·달걀·콩류, 과일류, 채소류, 우유 및 유제품, 유지당류로부터 영양소를 섭취합니다. 에너지를 내는 탄수화물, 단백질, 지방, 우리 몸의 조절 기능을 담당하는 비타민과 무기질, 그리고 물, 이렇게 6가지 영양소는 모두 정상적인 신체 발달과 활동을 위해 꼭 필요한 것들입니다. 그런데 자칫 신경을 쓰지 않고 아이가 원하는 대로 먹이다 보면 단백질 급원인 고기·생선·달걀·콩류나 비타민과 무기질 급원인 채소나 과일류, 칼슘의 급원인 우유 및 유제품을 부족하게 먹기 쉽습니다.

아이가 좋아하는 반찬으로 즐거운 밥상, 행복한 식사 시간을 경험하게 해 주는 것은 건강한 밥상의 시작입니다. 이 책에 소개된 레시피들은 아이들이 좋아하는 식재료를 주로 사용하되, 채소가 부족하지 않도록 매끼 단백질 반찬 2회 분량, 채소 반찬 2~3회 분량을 곁들였습니다. 아침, 점심, 저녁에 적합한 요리 소개를 참고하면 식사 준비가 좀 더 손쉬워질 것입니다.

이제 6학년이 된 큰아들은 식사 준비를 하고 있으면 생오이가 맛있다며 옆에 와서 아삭아삭 썰어 먹습니다. 신선한 식재료의 씹히는 식감, 식품 본연의 향이 좋다는 것을 아이가 알아주니 너무나 감사한 일이지요. 저녁이 되면 큰아들과 8살, 5살 꼬마 아가씨들까지, 세 아이와 함께 정신없는 시간을 보내지만, 그래도 다 같이 둘러앉아 함께 식사할 때면 행복을 느낍니다. 아이를 위한 마음과 정성이 가득 담긴 행복한 영양 밥상, 이 책이 건강한 한 끼 밥상을 차리는 데 도움이 될 수 있기를 희망합니다.

contents

아침으로
좋은 간편식

점심으로
좋은 한 그릇 밥

〰〰〰〰〰〰〰〰〰〰〰〰

밥, 국, 반찬으로
차린 저녁 밥상

〰〰〰〰〰〰〰〰〰〰〰〰

즐거운
간식 시간

이제 맛있고 영양 가득한
아이 밥상을 차려 볼까요?

맛있고 영양이 가득한 아이 요리,
이렇게 만들어요

1. 재료가 좋아야 음식 맛도 좋아요

아이를 위한 요리를 할 때는 재료 선택부터 신중해지지요. 이왕이면 좋은 식재료를 사용하려고 무조건 유기농을 사거나 비싼 한우만을 고집하는 분도 많으세요.

저는 가급적 매일 조금씩 장을 봐서 신선한 재료로 조리하는 것을 권해요. 어떤 식새료든 수확 후 바로 먹어야 영양소가 풍부하거든요. 특히 채소나 과일은 제철에 가까운 데서 나는 것을 사서 깨끗이 씻어 드시는 게 가장 좋아요.

아이들 입맛에 맞는 요리를 하다 보면 어묵이나 햄, 소시지, 통조림 같은 가공식품을 사게 되는데 그럴 때는 꼭 식품표시를 점검하세요. 적색 2호, 황색 4호 같은 인공색소나 감미료, 발색제, 보존제 같은 식품첨가물이 들어 있지 않은지 꼼꼼히 살펴보고 사는 게 좋아요.

2. 제철 재료를 활용해요

무슨 요리든지 제철 재료를 활용하면 맛이 훨씬 좋아지지요. 봄에는 다양한 나물류, 가을에는 배추와 무, 겨울에는 시금치가 제철이지요. 봄여름가을겨울, 사계절을 대표하는 제철 식재료를 소개할게요.

봄 : 비타민이 가득한 식재료

봄동, 참나물, 미나리, 바지락, 마늘종, 돼지고기, 딸기

여름 : 무기질과 수분이 가득한 식재료

애호박, 가지, 오이, 오렌지, 토마토, 복숭아, 감자

가을 : 면역력을 높여 주는 식재료

배추, 무, 사과, 감, 배, 고구마, 호박, 새우, 당근

겨울 : 몸을 따뜻하게 하는 식재료

브로콜리, 시금치, 아보카도, 굴, 귤, 소고기, 우엉

3. 아이의 식성을 고려해요

아이들도 맛이 있어야 잘 먹어요. 그래서 이 책에서는 최대한 아이들이 좋아하고 아이 입맛에 맞는 요리를 골라 소개하되 가급적 저염식으로 달고 짜지 않은 분량의 양념을 사용했어요. 매운 요리는 아이들이 잘 먹는 레시피로 바꾸면서 최소한의 매운 양념을 넣어 만들었지요. 하지만 만약 아이가 매운맛을 전혀 먹지 못한다면 양념 중에서 고춧가루나 고추장, 고추, 후춧가루 등의 식재료는 얼마든지 빼거나 줄이셔도 돼요.

4. 미리 소스와 장류를 준비해 두세요

마음 먹고 아이를 위해 요리를 하려 했는데 막상 레시피를 보니 이것저것 없는 재료가 많아서 포기한 경우가 많으시죠? 아래에 소개한 기본적인 소스와 장류를 갖춰 두면 쉽게 맛있는 아이 요리를 만들 수 있어요.

A 요리수(닭) 닭 육수가 필요할 때 물에 타서 간편하게 쓸 수 있어요. **B 스위트칠리소스** 설탕, 붉은 고추, 식초에 녹말을 넣어 걸쭉하게 졸인 달콤한 소스로 닭강정, 떡꼬치, 칠리새우 등에 활용해요. **C 토마토소스** 파스타 외에도 피자나 볶음밥을 만들 때 두루 사용할 수 있어요. **D 크림파스타소스** 크림파스타나 그라탱, 크림떡볶이를 만들 때 써요. 수프를 만들 때 농노 소질용으로도 사용해요. **E 쯔유** 국물 요리에 쓰는 가다랑어 농축액으로 일본식 국수장국이에요. 적당하게 희석해서 써요. **F 굴소스** 굴을 발효해서 만든 소스로 중국 요리에 많이 쓰여요. **G 국수장국** 국물 요리에 쓰는 농축액으로 멸치, 가다랑어 등으로 나뉘어요. 농축률이 제품마다 다르니 설명에 맞게 희석해서 써요. **H 우스터소스** 갖은양념과 향신료를 넣고 끓여 만든 소스예요. 달고, 시고, 짜고, 매운 복합적인 맛으로 소량만 넣어도 음식의 풍미가 더해져요. **I 맛술** 여러 재료와 설탕을 가미한 요리용 술이에요. **J 화이트와인** 요리 과정에서 잡냄새를 날리기 위해 사용해요. 청주를 사용해도 돼요.

우리 아이,
하루에 얼마나 먹어야 할까요?

1. 연령마다 영양섭취기준이 있어요

'하루에 얼마나 먹어야 할까'에 대한 답은 영양섭취기준을 보면 알 수 있어요. '2020 한국인 영양섭취기준'의 체위기준에 따르면 만 3~5세 아이의 신장과 체중 기준은 105.4cm, 17.6kg으로, 하루에 필요한 열량은 1400kcal입니다. 이 정도 체격이라면 이만큼은 먹어야 부족하거나 넘치지 않게 아이에게 영양이 공급되고 건강을 유지할 수 있다는 뜻이지요. 보통 권장하는 에너지 섭취수준은 체위기준에 근거하므로, 단순히 아이의 연령에 따른 에너지 섭취기준보다는 아이의 체중, 신장에 가까운 연령대의 에너지 섭취기준을 참고하는 것이 더 적합합니다. 권장하는 섭취기준에서 ±25% 이내는 크게 문제 되지 않지만 25% 미만으로 부족하거나 25% 이상으로 과잉 상태가 지속되지 않도록 주의해 주세요.

유아기(만3세~5세)나 학령기(만6~11세) 어린이의 에너지 적정비율은 탄수화물 55~65%, 단백질 7~20%, 지질 15~30%이며, 지질 중 포화지방산은 8% 미만, 트랜스지방산은 1% 미만을 권장합니다. 곡류는 매일 2~4회 정도, 고기나 생선, 달걀, 콩류는 매일 3~4회 정도, 채소류는 매 끼니 2가지 이상(나물, 생채, 쌈 등) 섭취하는 것을 권장하며, 과일류는 매일 1~2개, 우유나 유제품류 매일 1~2잔, 성장기에는 매일 2잔씩 섭취하는 것을 권장합니다.

연령		신장(cm)	체중(kg)	에너지(kcal/일)	탄수화물(g)	단백질(g)
유아	1~2세	85.8	11.7	1,000	130	20
	3~5세	105.4	17.6	1,400	130	25
여자	6~8세	123.5	25.0	1,500	130	35
	9~11세	142.1	36.6	1,800	130	45
남자	6~8세	124.1	5.6	1,700	130	35
	9~11세	141.7	37.4	2,100	130	50

자료 출처: 보건복지부 한국영양학회, 2020 한국인 영양소 섭취기준과 체위기준
*에너지는 필요추정량, 탄수화물과 단백질은 권장섭취량 기준임

2. 제 때, 골고루, 알맞게, 싱겁게, 즐겁게 먹어요

아이의 영양 섭취는 한 끼가 아니라 하루를 기준으로 해요. 그러므로 아침, 점심, 저녁을 서로 바꿔

드셔도 돼요. 단, 규칙적인 시간에 정해진 장소에서 식사하는 습관이 중요해요. 열량은 식재료의 가감이나 레시피에 따라 달라질 수 있으니 너무 고민하지 마시고 아이에게 알맞은 양을 싱겁게 조리하여 즐겁게 먹을 수 있게 해 주세요.

3. 하루 밥상, 이렇게 구성해요

매끼 평균 고기 · 생선 · 달걀 · 콩류를 2회 분량 이상, 채소류를 2~3회 분량 이상으로 구성하면 영양적으로 부족하지 않게 먹을 수 있어요. 매끼 반찬을 구성하는 것이 어렵다면 그 정도 분량을 포함한 일품식을 만들면 돼요. 유아의 1인 1회 분량은 다음을 참고하세요.

식품군별 대표 식품 유아 1인 1회 분량(성인 1인 1회 분량의 약 2/3)

곡류(190kcal)
밥 2/3공기, 쌀 55g, 국수 60g, 모닝빵 2개

고기 · 생선 · 달걀 · 콩류(50kcal)
육류 30g, 생선 30g, 두부 40g, 달걀 30g(1/2개)

과일류(25kcal)
사과 50g(1/4개), 귤 50g(소 1개), 바나나 50g(중간 크기 1/2개), 오렌지주스 50g(1/4컵)

우유 · 유제품류(60kcal)
우유 100g(1/2컵), 요구르트 50g(1/2개), 치즈 10g(1/2장), 아이스크림 50g(1/4컵)

채소류(7kcal)
시금치 35g, 버섯 15g, 불린 미역 15g, 배추 20g

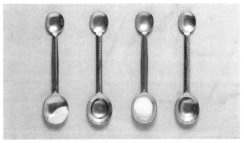

유지 · 당류(23kcal)
마요네즈 2.5g, 식용유 2.5g, 설탕 5g, 꿀 5g

편식 걱정 없는
건강한 영양 섭취 Q&A

Q 필수 영양소 어떻게 먹어야 할까요?

A 영양소란 식품에 함유된 물질로, 에너지를 공급하고 신체를 구성하며 생리 활동을 조절하는 등 건강을 유지하는 데 필요한 성분을 말해요. 필수 영양소는 6가지로 탄수화물, 단백질, 지방, 무기질, 비타민, 물입니다. 이 중 탄수화물, 지방, 단백질은 체내에서 산화되어 에너지를 발생하는 '에너지영양소(열량영양소)'로 우리 몸이 움직이고 활동하는 데 필요한 에너지를 만들어요.

탄수화물과 단백질은 g당 4kcal, 지방은 g당 9kcal를 내며, 정상적인 신체 활동을 하기 위해서는 하루에 최소한으로 필요한 열량(기초대사량+활동대사량에 해당하는 에너지) 이상으로 식품을 섭취해야 해요. 연령에 따라, 성별에 따라 하루에 필요한 에너지의 양은 각기 다르며 한국인 영양소 섭취 기준에 비해 열량 섭취가 부족할 경우 몸의 근육과 지방 등이 지속적으로 소실되어 영양불량 문제가 발생할 수 있어요.

일반적으로 한식은 밥과 반찬으로 구성되어 있어 탄수화물이 부족할 가능성은 매우 낮아요. 탄수화물, 단백질, 지방 모두 에너지 영양소이지만 그중에서도 단백질은 체조직, 즉 근육과 체내 단백질 등을 구성하고 보수하는 중요한 역할을 추가적으로 더 담당하고 있어요. 특히 성장이 왕성한 영유아기나 학령기 아이들은 키가 자라고 근육과 뼈가 자라는 시기이므로 단백질 영양에 더욱 신경을 쓰는 것이 좋아요. 고기, 생선, 달걀, 콩류 등은 단백질 함량이 높은 식품군이에요.

아이의 선호도를 고려하여 고기, 달걀, 두부, 생선 등 다양한 식재료를 활용하여 매 끼니마다 최소 1가지 이상의 단백질 반찬을 반드시 먹을 수 있도록 해야 하며, 고기류는 지방 섭취 비율이 높아질 수 있으므로 삼치, 고등어, 연어 등 오메가3 함량이 높은 등푸른 생선류를 적극적으로 식단에 활용하는 것도 좋은 방법입니다.

비타민과 무기질, 물은 우리 몸의 생리 활동을 조절해 주는 데 꼭 필요한 '조절영양소'예요. 비타민은 수용성 비타민과 지용성 비타민으로 구분할 수 있는데 지용성 비타민 A, D, E, K는 기름과 함께 먹을 때 흡수가 더 잘 될 수 있어요. 예를 들어 비타민 A가 많이 함유되어 있는 토마토를 기름에 살짝 볶아 먹으면 생토마토를 먹었을 때보다 비타민 A 흡수가 더 잘 되지요.

수용성 비타민인 비타민 B군과 비타민 C 중 비타민 B군은 여러 가지 종류가 있지만 대체적으로 체내에서 에너지 대사와 관련된 기능을 하므로, 신체 대사기능이 활발히 일어나는 성장기에는 비타민 B군의 섭취가 부족하지 않도록 신경 써야 해요. 비타민 B6나 비타민 B12는 부족할 경우 빈혈이 발생할 수 있으니 육류, 동물성 식품을 충분히 섭취해야 해요. 또한 채소, 과일을 충분히 먹으면 우리 몸에 필요한 비타민과 무기질 권장섭취량을 충족할 수 있으므로, 매 끼니 2가지 이상의 채소 찬과 매일 1회 이상 과일을 섭취하도록 해 주세요.

무기질 중 특히 칼슘은 골격 성장과 관련이 있어 성장기 어린이들에게 부족하지 않아야 하니 매일 2회 분량 이상의 우유 및 유제품군을 섭취할 것을 권합니다. 우유 소화에 어려움이 있는 아이의 경우, 유당을 분해한 우유(예를 들어 소화 잘되는 우유 등)를 이용하는 것이 좋아요.

Q 아이가 추가로 먹으면 좋은 영양제는?

A 성장기 아이들은 골격 성장에 필요한 칼슘과 비타민 D를 충분히 먹는 것이 좋아요. 칼슘 섭취 권장량은 만 3~5세 유아기 600mg, 만 6~8세(초등 저학년) 700mg, 만 9~11세(초등 고학년) 800mg 입니다. 단순하게 계산한다면, 하루 700mg의 칼슘 섭취 권장량을 우유만으로 충족하고자 할 경우 700ml의 일반 우유를 섭취해야 해요(200ml 1컵의 우유에 보통 200mg의 칼슘이 포함되어 있어요).

칼슘은 이렇게 우유 및 유제품 등 식품을 통해서도 충분히 섭취할 수 있지만 우유 섭취가 부담스럽다면 칼슘 보충제를 이용하는 것도 방법이에요. 칼슘 보충제를 이용할 경우 비타민 D가 칼슘의 체내 흡수를 도와주는 역할을 하기 때문에 비타민 D와 함께 복용하시거나 비타민 D 복합제제를 이용하시는 것이 흡수율을 훨씬 더 높일 수 있답니다.

입맛이 없다고 하는 아이의 경우, 아연을 보충해주면 입맛 향상에 도움이 돼요. 아연은 면역 기능 향상, 상처 치유, 감기 예방 효과, 성장 촉진, 설사에 도움이 되는 등 다양한 효능을 가지고 있어 성장기 어린이들에게 부족하지 않도록 해주는 것이 좋아요. 생굴, 기름기 적은 소고기, 게, 랍스터 등도 아연 함유량이 높은 식품이니 참고하세요.

생선 기름, 채종유, 대두유, 호두유 등에 많이 함유되어 있는 오메가3 지방산은 우리 몸에 꼭 필요한 필수 지방산 중 하나로 반드시 음식을 통해 섭취해야만 하는 고도불포화지방산이에요.

오메가3 지방산은 두뇌 발달에 도움이 되는 것으로 알려져 있으며 성장 발달에도 도움이 됩니다. 그 외에도 심장질환 예방, 콜레스테롤 수치 개선 등 다양한 효능이 있으니 아이와 어른 모두 섭취하는 것이 좋습니다. 생선 기름은 오메가3의 가장 좋은 공급원이며, 이 때문에 보통 대부분의 오메가3 보충제는 생선 기름에서 추출하여 만들어집니다. 음식을 통해 섭취하는 것이 좋지만 부족하다 싶은 경우에는 보조제를 섭취하는 것도 좋습니다.

Q 이유식에서 유아식으로 바꾸면서 주의해야 할 점이 있나요?

A 이유식은 생후 4~6개월부터 시작해서 12개월 이후가 되면 완료기로 넘어가게 돼요. 돌 이후

유아식으로 넘어갈 때에는 우선 재료 크기를 서서히 크게 히여 아이가 치아로 식재료의 질감을 만끽하고 직접 씹어 먹을 수 있도록 해 주는 것이 좋아요. 계속해서 너무 작게 자른 재료로 조리를 해줄 경우 치아나 턱 근육이 정상적으로 발달하지 못하거나, 씹지 않고 삼키는 식습관을 가지게 될 수 있거든요. 적절한 질감을 느낄 수 있도록 같은 식재료도 다양한 조리 방법으로, 각기 다른 크기나 형태로 경험하게 해주면 편식 예방에도 도움이 된답니다. 예를 들어 당근의 경우 깍둑썰기로 볶음밥에 넣고, 채썰기로 샐러드나 잡채에 넣는 등 다양하게 활용할 수 있어요.

지나치게 자극적인 양념은 아이에게 해가 될 수 있지만 배추김치, 오이김치 등 김치류를 통해 적절한 매운맛을 경험하게 해 주는 것도 좋아요. 올바른 식습관 형성은 어른까지 이어지니 꼭꼭 씹어, 골고루, 알맞게, 싱겁게 먹는 올바른 식습관을 가질 수 있도록 도와주세요.

Q 살찌는 아이들은 식단 조절을 어떻게 해야 하나요?

A 2014년 조사 결과에 따르면 우리나라 유아 · 청소년 7명당 1명이 비만인 것으로 나타났어요. 소아비만은 패스트푸드 섭취, 편식, 아침 식사 거르기 등 잘못된 식습관이 주원인이에요. 한번 늘어난 지방세포의 수는 줄어들지 않기 때문에 소아비만의 약 50%는 성인비만으로 이어지니 관리가 필요해요. 소아비만은 무조건 열량을 제한하기보다는 잘못된 식습관을 교정하고, 저열량 위주의 식단으로 준비하여 비만이 키 성장으로 갈 수 있도록 유도하는 것이 좋아요.

〈열량을 줄이는 조리법〉

- 튀기고 볶는 것보다는 찌거나 굽는 조리법을 사용해요. 물로 살짝 볶은 후 마지막에 기름을 넣어 조리하면 기름 사용량을 반 이상 줄일 수 있어요.
- 돼지고기는 지방을, 닭고기는 껍질을 제거하고 조리하면 열량을 줄일 수 있어요.
- 햄이나 소시지는 끓는 물에 데쳐서 기름기를 제거하고 먹어요.
- 고기육수 대신 조개나 멸치다시마육수를 사용해요. 고기육수의 경우 양지(100g당 211kcal) 대신 사태(100g당 129kcal)를 이용하면 열량을 낮출 수 있어요.
- 샐러드는 소스에 따라 열량 차이가 크므로, 시판 드레싱이나 마요네즈 대신 천연 과일과 식초류를 섞어 직접 만들어 먹는 게 좋아요.

Q 조리해서 파는 음식을 많이 먹으면 어떤 문제가 생길까요?

A 조리해서 파는 음식은 크게 즉석식품, 반조리식품, 외식으로 분류할 수 있어요. 즉석식품이나 반조리식품은 일종의 가공식품으로 특유의 향과 맛을 내기 위한 보존료, 향신료, 착향제 등 여러 가지 첨가물이 많이 들어 있어요. 어린 시절 이런 맛에 길들면 어른이 되어서도 가공식품을 좋아하게 돼요. 또한 음식점에서 파는 음식들은 맛을 내기 위해 간을 세게 하는 경우가 많아서 단순당,

지방, 나트륨 함량이 높을 수 있으므로 가능하면 집에서 조리한 음식을 먹이도록 해요.

Q 채소를 싫어하는 아이, 어떻게 해야 할까요?

A 채소를 먹기 싫어하는 아이는 향이나 질감, 또는 모양이 싫어서인 경우가 많아요. 아이가 어떤 채소를 싫어하는지 확인하고 처음에는 잘 보이지 않게 다져 주어 채소의 맛과 향에 익숙해질 수 있도록 해 주는 것이 좋아요. 좋아하는 햄과 함께 채소를 넣어 볶음밥을 한다면 처음에는 채소를 아주 작게 다지고 적게 넣다가 차츰 양도 늘리고 크기도 키워 가는 거지요.
가장 좋은 것은 아이가 생채소에 익숙해지도록 하는 거예요. 당근, 오이 등을 가늘게 스틱으로 만들어서 주면 의외로 한번 먹어 보고 나서 아삭한 질감을 좋아하게 되는 경우가 있어요. 아이 앞에서 부모나 친구들이 맛있게 채소를 먹는 모습을 보여주는 것도 중요해요. 특히 친구들이 먹으면 경쟁심리 때문에 안 먹던 아이들도 채소를 잘 먹는 경우가 많아요. 직접 만든 요리는 아이들도 잘 먹으니, 아이와 요리를 함께 만들면서 채소의 질감을 느끼게 하는 것도 좋아요.

Q 식재료의 영양소를 최대한 살릴 수 있는 조리 방법은?

A 채소류는 수확한 순간부터 영양성분이 변화하므로, 일반적으로는 구매 즉시 냉장하여 1~2일 안에 사용하는 것이 가장 좋아요. 조리할 때는 물 사용량을 줄이고 조리 시간을 짧게 하는 것이 영양소 손실을 줄이는 방법이에요. 물에 담그는 시간이 길어질수록 수용성 성분이 손실되기 때문에 영양소를 고려한다면 가능하면 물은 적게 사용하고, 채소를 데친 후에는 즉시 찬물로 식히고, 데칠 때 사용한 물을 조리에 이용해요. 전자레인지를 이용하여 적은 양의 물로 데치거나 쪄서 조리하는 것도 좋아요.

Q 아이가 라면을 좋아하는데, 조금이라도 건강하게 줄 방법이 있나요?

A 라면은 열량은 높지만, 비타민, 무기질, 식이섬유 등이 다른 식품에 비해 부족하여 자칫 영양 불균형이나 소아비만을 초래할 수 있어요. 인공조미료, 유화제, 안정제, 산화방지제 등의 화학첨가물이 많을 뿐더러 라면의 감칠맛을 내는 조미료인 MSG를 과다 섭취하게 되면 단백질 합성, 항체, 호르몬, 신경전달물질 같은 생리작용에 절대적으로 필요한 비타민 B6가 결핍될 수 있으므로 과잉 섭취를 조심해야 한답니다.
집에서 라면을 끓일 때는 면을 냄비에 데치듯이 끓인 후 다른 냄비에 옮겨 수프를 정량보다 적게 넣고 끓여 주세요. 라면은 면보다 국물에 나트륨이 더 많으므로 먹을 때에는 면을 건져 먹는 습관을 들이는 것이 좋아요. 또한 호박, 버섯, 양파, 콩나물 등 자투리 채소들을 넣어 끓이고, 먹은 뒤에 우유를 마시거나 바나나처럼 칼륨이 많은 과일을 먹으면 니트륨 배출을 돕는 효과가 있어요.

Q 아이들에게 저염식을 해 주는 것이 좋을까요?

A 아이 때 형성된 입맛은 성인기까지 영향을 미칩니다. 나이가 듦에 따라 우리의 미각은 점점 둔해져서 더 강한 맛을 찾게 되는데 어렸을 때부터 짜게 먹기 시작하면 점점 더 강한 맛을 찾기 마련이에요. 반면 저염식에 익숙해진 아이는 성인이 되어서도 덜 짜게 먹을 가능성이 높아요.

음식을 짜게 먹으면 고혈압, 심혈관질환 등 여러 만성질환의 위험을 높일 뿐만 아니라 비만의 원인이 되기도 하므로 아이의 건강을 생각한다면 당연히 저염식으로 조리하는 게 좋겠지요.

원칙적으로 저염식이란 하루에 소금 5g(=나트륨 2g) 미만으로 섭취하는 것을 말하는데 소금보다는 장류, 식초, 레몬즙, 천연 조미료 등을 이용하고, 소스나 국물 섭취량을 조정해서 저염식 식습관을 길러 주는 것이 건강한 식습관 형성의 첫걸음이에요.

Q 밥이나 반찬, 고기 등을 냉동한 뒤에 먹어도 문제가 없을까요?

A 대부분의 미생물은 -10도 이하에서는 활동이 어려우므로 육류를 냉동하면 6개월에서 최대 1년까지 보관할 수 있어요. 그러나 냉동식품의 경우, 초기 냉동할 때의 식품 상태와 함께 해동 과정이 매우 중요해요.

같은 고기라고 해도 질이 떨어지는 고기는 쉽게 부패할 수 있고, 큰 고깃덩어리를 해동할 때 겉은 녹고 내부는 다 녹기 전의 중간 과정에서 겉면에 부패 미생물이 자랄 수 있거든요. 냉동 중의 부패를 막으려면 첫째, 오염되지 않은 신선한 식재료를 가능한 소포장해서 냉동하고, 둘째, 해동한 후에는 바로 요리하여 먹으며 재냉동하지 않아야 합니다. 또한, 냉동실 관리도 중요한데 자주 냉동실 문을 여닫을 경우 냉동된 식품의 표면이 일부 녹았다가 다시 얼면서 음식의 부패가 진행될 수 있어요. 의도치 않은 재냉동이 되는 것이니 주의해 주세요.

- **육류** : 알루미늄 포일 또는 냉동용 비닐팩에 잘 싸서 1회 분량씩 급속 동결해요. 간 고기는 3개월 내 조리.
- **채소류** : 데치거나 삶는 등 조리된 상태로 냉동 보관 가능해요. 3~6개월 내 조리.
- **해동 시 유의점** : 냉장고로 옮겨 서서히 해동해야 육즙이 덜 나오고 미생물의 번식도 덜 일어나요.

Q 아토피 아이들이 피해야 하는 음식은?

A 아토피란 심한 가려움증과 습진성 발진이 나타나는 만성 염증성 피부질환이에요. 아토피의 원인은 음식 외에도 여러 가지가 있기 때문에 다른 요인들도 꼭 같이 관리해 주어야 해요.

아토피는 식품 알레르기의 일종이라고도 볼 수 있는데, 식품 속의 단백질 중 분해되지 않고 체내로 흡수되는 일부 단백질에 의해서 발생하는 알레르기예요. 난류, 우유, 땅콩, 대두, 밀, 메밀, 고등어, 새우, 게, 돼지고기, 복숭아, 토마토 등이 식품 알레르기를 유발할 수 있는 대표적인 식품이에요. 아토피를 유발하는 음식은 아이마다 다르므로 내 아이가 무엇 때문에 아토피가 발생했는지, 원인 식품을 파악하는 것이 우선이에요. 식품이 주원인인 아토피의 경우 원인 식품 제한만으로도 증세가 급격히 호전되지요. 단, 아토피의 원인은 다양하므로 다른 원인은 없는지 함께 잘 살피고 관리해 주세요.

Q 성조숙증을 방지하려면?

A 성조숙증이란 여아는 만 9세, 남아는 만 10세 이전에 2차 성징이 나타나는 것으로 뼈의 성숙을 촉진해 성장이 일찍 멈추는 증상이에요. 최근 성조숙증 환자가 과거보다 몇 배 이상 급격히 증가하고 있는데, 소아비만, 열량 및 지방의 과다 섭취, 호르몬 이상이나 종양, 가족력 등 선천성 이상 등이 주요 원인입니다. 우리나라의 경우, 여아의 비율이 현저히 높으며 70% 이상이 서울, 경기 지역에서 나타나는 것으로 조사되고 있어요. 콩의 식물성 에스트로겐 성분이 여성호르몬과 유사한 작용을 하고, 라면이나 즉석식품은 성장호르몬의 성장촉진 기능을 저해하니 두유와 라면류 등 즉석식품의 과잉 섭취는 주의하는 것이 좋아요.

정확한 계량이 맛있는 요리의 기본이에요

눈대중이나 느낌으로 양념을 하게 되면 요리의 고수가 아닌 이상 음식 맛이 왔다 갔다 바뀌게 돼요. 이 책에 제시한 분량대로 정확하게 계량하여 조리하는 것이 맛있는 요리의 시작이에요.

1T(1큰술)
계량스푼 1큰술(15ml)
= 계량스푼 3작은술(15ml)
= 밥숟기락 수북이 1술

1t(1작은술)
계량스푼 1작은술(5ml)
= 밥숟가락 1/2술
= 티스푼 수북이 1술
* 계량스푼은 가득 담아서 윗면을 깎아 내요.

1컵
계량컵 1컵(200ml)
= 종이컵 가득 1컵

양념 약간
엄지와 검지로 집은 정도

일러두기 |

* 아침, 점심은 만 3~5세 아이 1인분(어른 2/3인분)을 기준으로 하되 죽처럼 1인분 조리가 어려운 경우에는 2인분으로 따로 표시해 두었어요.
* 저녁은 3~4인 가족이 함께 먹는 것을 기준으로 하여 아이 4인분을 기준으로 레시피를 작성했어요. 인원에 따라 재료를 가감하면 돼요.
* 재료는 가급적 목측량과 g을 함께 표시했어요. 단, 재료가 소량인 경우에는 g으로만 표시했습니다.
* 아이 밥은 2/3공기를 기준으로 하며, 쌀로는 55g, 밥으로는 130g에 해당합니다.
* 책에 제시한 열량 및 영양소 함량은 한국영양학회 Canpro 5.0을 이용하여 계산한 값으로, 구매한 식재료의 종류, 섭취 비율에 따라 달라질 수 있어요.

요리의 맛을 좌우하는 양념

요리의 기본은 간이에요. 거기에 신선한 재료를 사용하고 정성을 더하면 맛있는 요리를 만들 수 있어요. 요리 초보인 엄마들을 위해 요리의 맛을 내는 기본 양념의 특징에 대해 간단히 알려 드릴게요.

조선간장(국간장)과 양조간장(진간장)

조선간장은 맛이 짜고 단맛이 별로 없어 국이나 찌개 같은 국물 요리에 주로 써요. 양조간장은 무침, 볶음, 양념장, 찜 등의 대부분의 요리에 쓰지요. 이 책에서는 재료에 조선간장이라고 표기하지 않은 경우, 간장은 양조간장(진간장)을 사용해요.

된장과 일본 된장

우리나라에서는 간장을 만들고 남은 메주에 소금물을 넣고 으깨어 된장을 만드는데 첨가되는 재료에 따라 조금씩 맛이 달라져요. 주재료가 콩이어서 끓일수록 깊은 맛이 나고 영양소가 풍부하지요. 반면 일본은 주로 밀이나 쌀, 보리 같이 탄수화물이 많은 곡류로 된장을 만들어요. 그래서 가볍게 끓여 먹어야 구수한 맛을 느낄 수 있지요. 오래 끓일수록 텁텁해지니 주의하세요.

굵은소금과 꽃소금

굵은소금(천일염)은 배추나 무를 절이거나 생선을 절일 때, 혹은 조개를 해감할 때 사용해요. 요리에 주로 사용하는 소금은 꽃소금으로, 굵은소금보다 입자가 곱고, 고운소금이나 볶은소금보다는 입자가 커요. 이 책에서는 굵은소금이라고 표기하지 않은 경우, 소금은 꽃소금을 사용해요.

올리고당과 물엿

올리고당은 사탕수수에서 추출한 소당류로 단맛이 설탕의 30% 정도이고 설탕보다 열량이 낮아요. 그러므로 아이를 위한 요리에는 요리당 대신 올리고당을 쓰는 게 좋아요. 물엿은 옥수수 전분으로 만드는데, 단맛은 설탕의 60% 정도이고 재료에 윤기가 더해지므로 조림 요리를 할 때 써요.

음식 맛을 살려 주는 육수 만들기

음식마다 궁합이 맞는 육수를 사용하면 더할 나위 없이 좋지만, 기본이 되는 다시마육수만 있어도 여기저기 쓸 데가 많아요. 특히 나물을 볶을 때 물 대신 육수 1~2큰술을 넣으면 음식 맛이 확 달라진답니다.

다시마육수

재료 : 다시마(10×10cm) 2장, 물 5컵

냄비에 물과 다시마를 넣고 끓여요. 물이 끓기 시작한 뒤 5분이 지나면 다시마를 건져 내고 불을 끈 후 거품을 걷어 내요. 또는 그릇에 물과 다시마를 담아 냉장실에 두고 하루 뒤에 다시마를 건져 내도 진하고 맛있는 다시마육수를 만들 수 있어요.

멸치다시마육수

재료 : 멸치 1/2컵, 다시마(10×10cm) 2장, 물 5컵

냄비에 물, 다시마, 멸치를 넣고 끓여요. 물이 끓기 시작한 뒤 5분이 지나면 다시마를 먼저 건져 내고 불을 줄여 20분 정도 더 끓인 후 멸치를 건져 내고 사용해요. 다시마는 오래 끓이면 끈끈한 액이 나오고 멸치는 비린내가 나니 끓이는 시간을 지키는 것이 좋아요.

가다랑어포육수

재료 : 가다랑어포 1컵, 청주 1/2T, 물 4컵

냄비에 물을 팔팔 끓인 후 불을 끄고 가다랑어포와 청주를 넣은 다음 10분 뒤에 건져 내요.

닭육수 대용 치킨스톡, 치킨파우더

치킨스톡과 치킨파우더는 닭육수를 직접 만들기 번거로울 때 사용하기 좋아요. 치킨파우더는 가루이고 치킨스톡은 각설탕처럼 생겼어요. 소스, 수프, 볶음밥 등 다양한 요리에 첨가하면 닭고기육수 없이도 구수하고 진한 맛을 낼 수 있어요.

기본 식재료 손질법 · 조리법

뚜껑을 닫아야 하나 말아야 하나, 삶아야 하나 쪄야 하나…. 요리 초보 엄마들이 요리를 할 때마다 헷갈리는 몇 가지 기본 식재료 손질법과 조리법을 알려 드릴게요.

시금치 데치기
끓는 물에 소금을 약간 넣고 시금치의 뿌리부터 넣어 높은 온도에서 재빨리 데쳐요. 데칠 물을 넉넉히 끓여야 채소를 넣었을 때 온도가 확 내려가는 것을 막을 수 있어요.

콩나물 · 숙주나물 데치기
끓는 물에 소금을 약간 넣은 뒤 콩나물을 넣고 뚜껑을 닫아요. 2~3분 정도 끓인 후 불을 끄고 1분 정도 놔둔 뒤 건져 찬물에 헹궈요. 숙주나물은 콩나물과 같은 방법으로 데치되, 뚜껑을 닫지 않아도 돼요.

브로콜리 데치기
끓는 물에 소금을 넉넉히 넣고 미리 먹기 좋은 상태로 손질해 둔 브로콜리를 넣어 데쳐요. 브로콜리의 색이 선명한 초록으로 변하면 체로 건져 찬물에 헹궈요. 찬물에 바로 헹구지 않으면 브로콜리의 색이 죽어요.

감자 찌기
초여름 햇감자는 물에 넣어서 삶는 것이 맛있고, 저장 감자는 찌는 게 더 맛있어요. 감자를 찔 때는 감자가 잠길 정도의 물을 부은 뒤 젓가락을 찔러서 한번에 푹 들어갈 때까지 삶으면 돼요.

양파 · 대파 매운맛 제거
양파, 대파를 썬 후 찬물에 담갔다가 사용하면 매운맛을 많이 제거할 수 있어요.

달걀 알끈 제거하기
젓가락으로 알끈을 집어 떼 내면 달걀을 얇게 부칠 수 있어요.

바지락 해감하기
바지락을 연한 소금물(물 5컵 + 굵은소금 1T)에 넣고 검은 비닐이나 뚜껑을 덮어 한 시간 이상 두세요. 쇠숟가락 하나를 같이 넣어 주면 해감을 더 빨리 할 수 있어요.

쌀 씻기

1 뜨거운 물로 씻으면 쌀알이 깨지기 쉬우니 찬물로 여러 번 씻어 쌀에 붙어 있는 이물질을 제거해요. 손을 가볍게 돌려 저으면서 씻은 뒤 물을 버리고 새 물로 바꿔요.

2 30분 정도 쌀을 불려서 수분이 쌀에 고루 스며들게 해요. 그 이상 불리면 밥맛이 떨어지니 너무 오래 불리는 것도 좋지 않아요. 여름이거나 갓 도정한 쌀인 경우에는 10분만 불려도 돼요.

3 밥 짓기가 끝나면 주걱으로 가볍게 위아래로 뒤집어요. 밥알끼리 공간을 두어야 맛있게 보관할 수 있어요.

* 쌀뜨물을 이용할 때는 처음과 두 번째 씻은 물은 버리고 세 번째 물을 사용해요.

잡곡밥 231kcal(2/3공기)

요즘엔 마트에서 혼합 7곡, 혼합 15곡 등 여러 잡곡을 쌀과 함께 섞어 바로 밥을 지을 수 있게 팔고 있어요. 거친 질감 때문에 아이들이 거부할 수 있으니 처음에는 잡곡의 양을 적게 두고 점차 늘려요. 잡곡밥을 싫어하는 아이의 경우 물을 넉넉하게 넣고 진밥을 지으면 잘 먹기도 해요. 현미는 영양소와 섬유질이 풍부하지만 아직 장이 약한 어린아이에게는 소화에 무리가 될 수도 있으므로 현미밥 대신 잡곡밥에 익숙해지게 해 주세요.

재료 쌀 2컵, 혼합곡 1/2컵, 물 2와 1/2컵

1   쌀과 혼합곡을 같이 씻어 30분 정도 불린 뒤 체에 밭쳐요.

2   밥솥에 분량의 물과 쌀을 넣고 밥을 지어요.

*   시판 혼합곡에 들어간 콩이나 팥은 잘라 섞었기 때문에 밥을 지을 때 같이 넣어도 되지만, 따로 마른 콩과 팥을 넣어 잡곡밥을 할 경우에는 콩은 가볍게 삶고, 팥은 다소 무르도록 삶은 후 밥을 해야 설익지 않아요.

팥밥 212kcal(2/3공기)

팥밥은 팥을 미리 한 번 삶은 뒤 밥에 올려 지어야 해서 번거롭긴 하지만, 팥에는 현미보다 비타민 B가 많을 뿐더러 혈액순환과 항산화 효과가 뛰어나서 건강에 좋아요. 밥을 할 때 팥 삶은 물을 넣으면 붉은색으로 예쁜 밥이 지어지고, 소금을 약간 넣고 지으면 맛이 더 좋아져요.

재료 쌀 2컵, 팥 1/3컵, 팥 삶은 물 2컵, 소금 1/2t

1   팥은 깨끗이 씻은 뒤 반나절 이상 불려요.

2   팥이 충분히 잠길 정도의 물을 넣고 팔팔 끓인 후 물을 따라 버려서 떫은맛과 사포닌을 제거해요. 다시 물 4컵을 넣고 팔팔 끓으면 중약 불로 줄인 후 뚜껑을 닫고 30~40분 정도 삶아요. 손가락으로 힘주어 눌렀을 때 으깨지는 정도면 돼요.

3   밥솥에 잘 씻어 30분 정도 불린 쌀과 팥을 섞어 넣고, 팥 삶은 물 2컵과 약간의 소금을 넣어 밥을 지어요.

*   같은 두류로 보이지만 대두나 땅콩에는 단백질과 지방 함량이 높고, 팥, 녹두, 완두, 강낭콩, 동부는 단백질과 당질 함량이 높아요. 풋콩이나 풋완두(꼬투리완두)는 비타민 수치가 높아 채소류의 성질을 가지는 두류랍니다.

흑미밥 204kcal(2/3공기)

흑미는 현미보다 식이섬유가 많고 강력한 항산화 작용을 하는 안토시아닌이 풍부해요. 하지만 껍질이 단단하고 소화가 잘 되지 않기 때문에 아이를 위해 흑미밥을 지을 때에는 소량만 넣고 지으세요.

재료 쌀 2컵, 흑미 2T, 물 2컵

1 쌀과 흑미를 같이 씻어 30분 정도 불린 뒤 체에 받쳐요.
2 밥솥에 불린 쌀과 흑미, 분량의 물을 넣고 밥을 지어요.

차조밥 214kcal(2/3공기)

차조는 찰기가 많은 조예요. 조와 차조는 쌀과 찹쌀의 관계와 비슷하지요. 그런데 왜 조를 좁쌀이라고 할까요? 예로부터 쌀의 대용식으로 사용할 수 있는 곡식은 귀하게 여겨 이름에 '쌀'이라는 글자를 붙여 불렀답니다. 좁쌀, 보리쌀, 수수쌀, 율무쌀 등이 그 예이지요. 조는 쌀에는 부족한 비타민과 식이섬유가 풍부해서 쌀에 두어 먹는 잡곡으로는 최고라 할 수 있어요.

재료 쌀 2컵, 차조 2T, 물 2컵

1 쌀과 차조를 같이 씻어 30분 정도 불린 뒤 체에 받쳐요.
2 밥솥에 불린 쌀과 차조, 분량의 물을 넣고 밥을 지어요.

수수밥 232kcal(2/3공기)

《해와 달》 옛이야기 속에서 호랑이가 떨어져 붉어졌다는 수수. 가만히 들여다보면 작고 빨간 옥수수 알갱이같이 생겼어요. 밥을 지어 먹으면 옥수수 알처럼 톡톡 터지는 식감이 재미있어요. 주성분이 탄수화물이기 때문에 콩을 같이 두어 먹는 게 좋고, 소금을 약간 넣어 지으면 밥이 더 고소하게 느껴져요.

재료 쌀 2컵, 수수 1/4컵, 물 2와 1/4컵, 소금 1/3t

1 쌀과 수수를 같이 씻어 30분 정도 불린 뒤 체에 받쳐요.
2 밥솥에 불린 쌀과 수수, 분량의 물과 소금을 넣고 밥을 지어요.

햄프시드밥 225kcal(2/3공기)

슈퍼푸드로 선정되어 인기를 끌고 있는 햄프시드는 쌀에는 부족한 단백질과 불포화지방산이 풍부하게 들어 있어요. 팬에 살짝 볶은 후 밥 위에 뿌려 먹어도 잣처럼 고소한 맛 덕분에 아이들이 잘 먹는답니다.

재료 쌀 2컵, 햄프시드 2T, 물 2컵

1 쌀을 깨끗이 씻어 30분 정도 불린 뒤 체에 받쳐요.

2 밥솥에 불린 쌀과 햄프시드, 분량의 물을 넣고 섞은 뒤 밥을 지어요.

* 햄프시드 대신 좀 더 친숙한 해바라기씨나 호박씨를 넣어 밥을 지을 수도 있어요. 단 이런 씨앗류는 여러가지 몸에 좋은 성분들이 많지만 열량이 높으므로 하루에 최대 한 줌 정도로 제한하는 게 좋아요.

톳밥 198kcal(2/3공기)

5대 영양소가 모두 들어 간 반찬을 고루 만들어 줘도 밥만 먹는 아이들이 많지요? 그래서 저는 가끔 톳밥을 지어요. 철분과 칼슘, 마그네슘이 풍부해서 성장기 어린이의 발육에 좋거든요. 게다가 말린 톳은 특유의 향이 덜 나서 해조류를 싫어하는 아이들도 잘 먹어요.

재료 쌀 2컵, 말린 톳 2t, 물 2컵

1 쌀을 깨끗이 씻어 30분 정도 불린 뒤 체에 받쳐요.

2 밥솥에 불린 쌀과 말린 톳, 분량의 물을 넣고 섞은 뒤 밥을 지어요.

완두콩밥 206kcal(2/3공기)

초여름에 나는 완두콩을 넣어 밥을 지으면 다른 콩보다 부드럽고 달큰해서 아이들이 좋아해요. 콩 중에서 식이섬유가 제일 많고 비타민 A가 풍부하답니다.

재료 쌀 2컵, 완두콩 1/4컵, 물 2와 1/4컵

1 쌀을 깨끗이 씻어 30분 정도 불려 체에 받치고 완두콩은 깨끗이 씻어 두세요.

2 밥솥에 불린 쌀과 분량의 물을 넣고 완두콩을 얹은 뒤 밥을 지어요.

냄비 밥 짓기

냄비로 밥을 지을 때는 불 조절이 가장 중요해요.

냄비 밥은 쌀 알맹이의 질감이 살아 있고

재료의 영양소를 최대한 살릴 수 있어서

번거롭긴 하지만 가장 맛있게 밥을 짓는 방법이랍니다.

소고기버섯밥 252kcal(2/3공기)

고기를 넣고 밥을 할 때는 고기의 맛이 다른 재료에 배어들어야 맛있어요.
소고기는 무, 콩나물, 버섯처럼 심심하고 맛이 담백한 재료가 어울리고,
돼지고기는 김치나 향이 강한 나물에 어울려요.

재료 쌀 2컵, 다진 소고기 100g, 버섯(새송이, 표고, 느타리 섞어서) 100g, 물 2컵
소고기 밑간 맛술 1T, 간장 1t, 깨소금 1t, 참기름 1t, 소금 1/3t, 후춧가루 약간

1 쌀은 깨끗이 씻어 30분 정도 불린 뒤 체에 밭쳐요.
2 다진 소고기는 키친타월로 눌러 핏물을 제거한 후 소고기 밑간에 재우고,
   버섯은 주사위 모양으로 작게 썰어 두세요.
3 냄비에 양념한 소고기를 볶다가 불린 쌀과 분량의 물을 넣고 센 불로 끓여요.
4 밥물이 끓으면 중약 불로 줄여 10분 정도 끓인 뒤 버섯을 펼쳐 담아요.
5 약한 불로 줄여 7~8분 정도 끓인 뒤 불을 꺼요.
6 2~3분 정도 뜸을 들인 다음 뚜껑을 열고 밥을 고루 섞어요.

콩나물밥 196kcal(2/3공기)

콩나물밥은 만들기가 간편해서 아이들에게 해 주기 좋은 영양밥이에요.
다진 소고기나 돼지고기를 콩나물과 같이 앉혀 양념장에 쓱쓱 비벼 먹어
도 좋아요.

재료 쌀 2컵, 콩나물 200g, 다시마(10×10cm) 1장, 물 2컵

1 쌀은 깨끗이 씻어 30분 정도 불린 뒤 체에 밭치고, 콩나물은 깨끗이 씻어 두세요.
2 냄비에 불린 쌀과 다시마, 분량의 물을 넣고 콩나물을 위에 올려 센 불로 끓여요.
3 밥물이 끓으면 중약 불로 줄여 10분, 약한 불로 줄여 5분 정도 더 끓인 뒤 불을 꺼요.
4 2~3분 정도 뜸을 들인 다음 뚜껑을 열고 밥을 고루 섞어요.

무밥 222kcal(2/3공기)

무밥은 11월 이후 무가 달콤하고 아삭해질 때 만들어 먹으면 맛이 아주 좋아요. 간단하게
무만 넣어 지은 무밥은 소화를 돕는 효과가 있고, 굴을 넣은 굴무밥, 소고기를 양념해서 같
이 조리한 소고기무밥, 홍합이나 꼬막을 얹은 해물무밥은 영양가가 풍부해요.

재료 쌀 2컵, 무 4cm 1/2토막(200g), 다시마(10×10cm) 1장, 물 2컵, 소금 약간, 참기름 약간

1 쌀은 깨끗이 씻어 30분 정도 불린 뒤 체에 밭쳐요.

2 무는 손가락 길이 정도로 도톰하게 채 썬 뒤 소금과 참기름을 약간 넣고 버무려요.

3 냄비에 불린 쌀을 담고 무를 펼쳐 올린 뒤 분량의 물과 다시마를 넣고 센 불로 끓여요.

4 밥물이 끓으면 중약 불로 줄여 10분, 약한 불로 줄여 5분 정도 더 끓인 뒤 불을 꺼요.

5 2~3분 정도 뜸을 들인 다음 뚜껑을 열고 밥을 고루 섞어요.

굴무밥 217kcal(2/3공기)

무밥과 같은 방법으로 조리하되, 약한 불로 줄였을 때 굴을 얹어요. 알이 큰 양식보다 알이 작은
자연산의 향과 맛이 더 좋아요.

재료 쌀 2컵, 굴 200g, 무 4cm 1/5토막(80g), 물 1.8컵, 청주 1T

1 쌀은 깨끗이 씻어 30분 정도 불린 뒤 체에 밭쳐요.

2 굴은 소금물에 살살 흔들며 두세 번 씻어 이물질을 제거하고 무는 손가락 길이로 도톰하게 채 썰어요.

3 냄비에 불린 쌀을 담고 무를 펼쳐 올린 뒤 분량의 물을 넣고 센 불로 끓이다가 밥물이 끓으면 중약 불로
   줄여 10분 정도 끓여요.

4 굴을 펼쳐 넣고 청주를 살짝 뿌린 뒤 뚜껑을 닫고 약한 불에서 5분 정도 더 끓여요. 불을 끄고 2~3분 정도 뜸을
   들인 다음 뚜껑을 열고 밥을 고루 섞어요.

● **양념장 만들기**

아이용 양념장은 매운 향신채소를 덜고 육수를 첨가해서 짠맛을 줄였어요. 재료를 모두 섞어 만들면 되는데
이 때 설탕은 충분히 녹이고, 참기름은 맨 마지막에 넣어 주세요.

재료 간장 2T, 다시마육수 1T, 매실청 1T, 설탕 1/2T, 참기름 1/2T, 송송 썬 쪽파 1/2t, 깨소금 약간

어린이용 김치

매운 김치를 못 먹는 아이들을 위해
준비한 어린이용 김치예요.
사과를 넣어 달콤한 맛을 살리고
고춧가루는 맵지 않은 것으로 사용해요.
오래 절이지 않기 때문에 하루 정도
숙성시킨 후 바로 먹는 게 좋아요.

사과깍두기

재료 사과 2개(600g), 오이 1개(200g), 굵은소금 1/2t

양념 고춧가루 2T, 새우젓 2T, 다진 마늘 1/2T, 매실청 1/2T, 설탕 1t

1 사과 1/4개를 강판에 간 후 양념과 섞어요.

2 나머지 사과와 오이를 깍둑 썰고, 오이는 소금에 10분 정도 절여 체에 밭쳐 물기를 빼요.

3 사과와 오이에 1을 넣고 고루 버무린 후 하루 정도 실온에서 숙성시켜 냉장보관해요.

파프리카배추김치

재료 절임물(물 2리터, 굵은소금 5T), 배추 1/2포기

찹쌀풀 물 1/2컵, 찹쌀 가루 1T

양념 빨강 파프리카 1과 1/2개(120g), 사과 1/2개(150g), 마늘 3톨, 피시소스(또는 까나리액젓) 2T, 새우젓 1T,
매실청 2T

1   넓은 용기에 물을 담고 소금을 풀어 절임물을 만든 후 먹기 좋은 크기로 자른 배추를 담가 1시간
    30분 정도 절여요.

2   배추가 절여지는 동안 찹쌀풀을 만들어 식히고, 그 외의 양념을 모두 믹서에 갈아요. 그런 다음 간
    양념에 식힌 찹쌀풀*을 부어 섞어요.

3   배추는 체에 밭쳐 물기를 뺀 다음 2를 섞어요. 하루 정도 실온에서 숙성시킨 후 냉장보관해요.

*   냄비에 물과 찹쌀 가루를 넣고 약한 불에서 저어가며 끓이다 걸쭉해지면 불을 끄고 예열로 조금 더 저어요.
    풀을 끓일 때 걸쭉해지기 시작하면 금세 밑바닥이 눌으니 잘 지켜보세요.

파프리카도 고추의 종류 중 하나예요. 빨강 파프리카를 갈아 어른들이 먹는 김치 색을
내면 어린아이들도 김치에 쉽게 친해질 수 있어요.
주황색 파프리카는 당도가 높아서 잘게 잘라 간식으로 주어도 잘 먹어요.

백김치

재료 배추 1/4포기, 무 1/5개(200g), 빨강 파프리카 1개(120g), 굵은소금 2T, 쪽파 4대, 사과 1/2개, 배 1/2개,
마늘 3쪽, 생강 1/2톨

국물 물 2컵, 새우젓 국물 2T, 매실청 2T, 액젓 1T, 소금 약간

1   배추는 먹기 좋은 크기로 썰고, 무는 나박 썰고, 파프리카는 굵게 채 썬 뒤 굵은소금을 뿌려 30분
    정도 절여요.

2   쪽파는 4cm 길이로 썰고, 배는 껍질을 벗기고 사과는 껍질째로 3~4등분하고, 마늘과 생강은 편
    으로 썰어요.

3   절인 채소를 가볍게 씻어 체에 밭쳐 물기를 빼고 국물 재료를 모두 섞어 부은 뒤 김치 용기에 눌
    러 담아요. 하루 정도 실온에서 숙성시킨 후 냉장보관해요.

백김치는 아이들이 먹기 좋은 대표적인 김치예요. 물김치는 배와 사과 같은
과일이 자연 단맛을 내며 발효하는 음식으로 일반 김치보다 나트륨 섭취가
적고 맵지 않아서 아이가 처음 접하는 김치로 매우 좋아요.

아침으로
좋은 간편식

바쁜 아침 간단하게 준비하고 부담 없이 먹을 수 있는

주먹밥과 김밥, 샌드위치, 죽이에요.

두뇌를 깨우는 맛있는 간편식으로 알찬 하루를 시작해요.

스리라차소스를 불고기에 뿌리고 상추 두세 장을 얹으면 훌륭한 어른용 요리가 돼요. 스리라차소스는 보통 쌀국수집에 가면 볼 수 있는 빨간 소스인데, 단맛과 신맛이 적고 매운 맛이 강해 달짝지근한 불고기와는 찰떡궁합을 자랑합니다.

Breakfast
367kcal

국물이 다 졸아들 때까지 바싹 굽는 불고기를 바싹불고기라고 해요.

짭조름한 맛 덕분에 아이들이 좋아하지요. 만약 불고기를 넉넉히 만들고 싶다면

소고기 600g을 기준으로 간장 1/2컵, 배즙 1/2컵, 설탕 2T,

다진 마늘 2T, 맛술 1T, 매실청 1T, 참기름 2T, 후춧가루 1/2t,

거기에 양파, 당근, 깻잎, 팽이버섯 등을 넣어 재워요.

아이 입맛에 딱! 바싹불고기주먹밥

INGREDIENTS

1인분

밥 2/3공기
바싹불고기 55g
식용유 약간
참기름·깨소금·소금 약간
조미김 4장

바싹불고기 새료

소고기(불고기용)100g
간장 1T
설탕 1/2T, 맛술 2t
다진 파 2t
다진 마늘 1t
참기름 1t, 통깨 1t
후춧가루 약간

HOW TO MAKE

1. 불고기는 키친타월로 눌러 핏물을 뺀 후 칼로 두드려서 부드럽게 만들어요.

2. 손질한 불고기에 양념을 모두 넣고 재워 두세요(시간이 있으면 1시간 이상 재우는 것이 좋아요).

3. 달군 팬에 식용유를 두르고 불고기를 얇게 펴서 뒤집개로 누르면서 국물이 없어질 때까지바싹 구운 후 통깨를 뿌려요.

4. 밥에 참기름과 깨소금, 소금을 넣고 섞은 후 둥글게 빚어 4덩이로 만들어요.

5. 바싹 구운 불고기를 밥 사이에 넣어 햄버거처럼 만들어요.

6. 비닐에 조미김을 넣고 부셔 가루로 만든 후 주먹밥에 고루 묻혀 마무리해요.

어른을 위한 조리팁 ～～～～～～

잔멸치가 남았다면 입맛을 살리는 꽈리고추멸치볶음도 만들어 보세요. 마늘은 얇게 썰고 꽈리고추는 꼭지를 뗀 후 포크로 찔러 구멍을 내요. 달군 팬에 기름을 두르고 마늘과 꽈리고추를 넣고 소금을 뿌려 살짝 볶아 놓아요. 그 팬에 간장, 맛술, 올리고당을 넣어 바글바글 끓인 뒤 볶아 놓은 고추, 마늘과 남은 잔멸치를 넣고 볶아 주면 완성.

뼈째 먹기 때문에 칼슘 섭취에 좋은 잔멸치는

아이가 있는 집의 단골 식재료이지요.

잔멸치는 마른 팬에 살짝 볶아 수분을 날린 뒤에

사용하는 것이 좋아요.

Breakfast
417kcal

뼈가 튼튼 잔멸치달걀주먹밥

INGREDIENTS

1인분

밥 2/3공기
잔멸치볶음 15g
달걀 1개
대파 4cm
버터 1t
통깨 1t

잔멸치볶음 재료
잔멸치 50g
식용유 약간
간장 1/2t
올리고당 1/2T

HOW TO MAKE

1 마른 팬에 잔멸치를 볶아 비린내를 날린 후 식용유를 살짝 두르고 볶아 멸치에 기름기를 입혀요. 그런 다음 간장과 올리고당을 넣고 볶아요.

2 볼에 달걀을 푼 다음 잘게 다진 대파를 넣고 섞어요.

3 달군 팬에 버터를 넣고 녹으면 2를 넣고 휘저으면서 고슬고슬하게 볶아요.

4 뜨거운 밥에 잔멸치볶음과 볶은 달걀, 통깨를 넣고 한입 크기로 뭉쳐요.

* 멸치볶음에 이미 간이 되어 있으므로 주먹밥에 소금을 넣지 않아도 괜찮아요.

* 만들어 놓은 잔멸치볶음을 그대로 사용해도 돼요.

Ce sont deux têtes dans un même bonnet.

편의점의 베스트 아이템 참치마요삼각김밥. 집에서 만들 때는

삼각김밥 틀이 없어도 괜찮아요. 둥글넓적하게 만들어 속을 채워 넣고 김으로

감싸면 되니까요. 주먹밥 속에 다진 채소를 추가하거나 볶은 김치를

같이 곁들여 먹으면 자칫 부족할 수 있는 채소류의 섭취를 도와줄 수 있습니다.

동그란 참치마요주먹밥

1인분
밥 2/3공기, 참기름 1t
깨소금 1t, 소금 약간
마른 김 1/2장

참치 속 재료
작은 크기 참치캔 1개(100g)
양파 1/4개(50g)
마요네즈 1T
소금·후춧가루 약간

HOW TO MAKE

1 양파는 잘게 다져 소금을 약간 뿌린 후 절여지면 꼭 짜서 물기를 없애고, 참치캔은 기름기를 따라 버리고, 김은 앞뒤로 살짝 구워 준비해 두세요.

2 볼에 참치 속 재료를 모두 넣어 섞고, 밥에 참기름과 깨소금, 소금을 넣고 섞어 두세요.

3 밥을 둥글게 빚어 속을 오목하게 만든 다음 참치 속을 가능한 한 많이 넣어요. 밥으로 덮어 꼭꼭 눌러 모양을 잡은 뒤에 김으로 감싸요.

주먹밥 속재료 추가로 만들기

● 게살 아보카도

재료 맛살 20g, 양파 1/8개, 아보카도 1/4개, 날치알 15g, 마요네즈 2T, 플레인요플레 1T, 소금·후추 약간씩

1 맛살은 잘게 찢고, 양파는 곱게 다지고, 아보카도는 수저로 으깨 놓아요.
2 모든 재료를 모두 넣고 섞어 주면 완성.

● 명란우메보시

재료 명란 1쪽, 우메보시(일본매실절임) 1개

1 명란은 속을 긁어 껍질을 제거하고 우메보시는 씨를 뺀 다음 과육을 잘게 다져 놓아요.
2 명란과 우메보시를 섞으면 완성.

아이 입맛을 사로잡는 데는 소시지가 최고예요.

바쁜 아침, 기분 좋게 시작하라고 김밥에 소시지를

넣었더니, 한 줄을 뚝딱 먹고 가네요.

부추 대신 시금치나 당근을 데쳐 사용해도 되고,

새콤달콤한 오이 피클 몇 조각을 곁들여 먹어도 좋아요.

뚝딱 해치우는 소시지김밥

INGREDIENTS

1인분

밥 2/3공기
부추 4줄(20g)
소금 약간
프랑크소시지 1개(65g)
김밥용 김 1장

밥 양념
참기름·소금·통깨 약간

부추 양념
국간장 1/2t
참기름 1/2t
소금 약간

HOW TO MAKE

1 끓는 물에 소금을 약간 넣고 부추를 데쳐 꼭 짠 다음 길게 펴서 손으로 새끼 꼬듯이 말아요.

2 소시지도 끓는 물에 1~2분 정도 데쳐 세로로 반 자르고, 밥에 양념을 해서 섞어 두세요.

3 김을 반으로 자른 뒤 밥을 얇게 깔고, 소시지 자른 단면이 위로 오게 놓은 뒤 그 위에 밥을 얇게 덮어요.

4 부추 두 줄을 간격을 띄워 올리고 밥을 얇게 덮은 뒤 김을 돌돌 말아요.

속에 들어 있는 재료가 별로 없는데도 자꾸 집어 먹게 되는 꼬마김밥.

그 비결은 입에 쏙 들어가는 크기로 말고 겉에 기름장을 발라 자르르 윤기가

흐르고 고소한 향이 물씬 풍기게 하는 거예요.

내 아이가 먹을 아침이니 시판 꼬마김밥보다는 속을 알차게 넣어요.

Breakfast
313 kcal

자꾸 손이 가는 꼬마김밥

INGREDIENTS

1인분

밥 2/3공기
달걀노른자 1개
단무지 1줄, 시금치 35g
햄 25g, 당근 20g
김밥 김 2장, 식용유

밥 양념
참기름 1/2t
소금·깨소금 약간

기름장
참기름·소금 약간

HOW TO MAKE

1 달걀노른자는 알끈을 제거하고 잘 풀어 소금 간을 한 뒤 얇게 부쳐 채 썰어요.

2 단무지는 길이를 반 자른 뒤 가늘게 한 번 더 잘라요.

3 시금치는 끓는 소금물에 데쳐 꼭 짜고, 햄은 채 썰어 끓는 물에 데친 후 물기를 빼요.

4 당근은 채 썰어 팬에 식용유를 두르고 소금을 약간 넣어 볶아요.

5 고슬고슬하게 지은 밥에 밥 양념을 넣고 잘 뒤섞어요.

6 2등분한 김 위에 밥을 얇게 깔고 달걀지단, 단무지, 시금치, 햄, 당근을 올려 돌돌 만 뒤, 기름장을 섞어 살짝 발라요.

요새 아이들 사이에서 일명 구름빵이라고 불리는 귀여운 모닝빵.

치즈와 토마토, 양상추 등의 재료를 넣어 건강한 샌드위치를 만들고,

달지 않은 요구르트에 슬라이스 아몬드나 시리얼, 달콤한 과일을 곁들여 먹어요.

Breakfast
329kcal

마음대로 얹어 먹는
모닝빵샌드위치·토핑요구르트

INGREDIENTS

1인분

모닝빵샌드위치
모닝빵 1개, 버터 1t
양상추 1장
슬라이스 치즈 1/2장
슬라이스 토마토 1장
소금·후춧가루 약간
슬라이스 햄 1장

토핑요구르트
플레인 요구르트 1개
냉동 과일류(블루베리, 딸기, 망고
등) 30g
슬라이스 아몬드 약간

HOW TO MAKE

1 모닝빵은 반으로 자른 후 달군 팬에 버터를 두르고 노릇하게 구워요.

2 양상추는 먹기 좋은 크기로 뜯고, 치즈는 삼각형으로 잘라요.

3 토마토는 소금, 후춧가루를 약간 뿌린 다음 키친타월에 올려 물기를 빼요.

4 모닝빵-양상추-햄-토마토-치즈-모닝빵 순으로 올린 후 살짝 눌러요.

5 큰 과일은 먹기 좋게 자르고 다른 토핑들과 함께 접시에 올려요.

6 예쁜 그릇에 요구르트를 담은 후 원하는 토핑을 아이가 직접 얹어 먹게 해요.

아이가 어릴 때는 단무지, 오이피클같이

설탕이 많이 들어간 절임류를 잘 안 먹이려고 노력했는데,

참치를 넣은 샌드위치에는 오이피클 한두 조각을

대신할 만한 맛이 없네요. 참치 특유의 고소하지만 비릿한

맛을 피클이 깔끔하게 잡아 주거든요.

입맛을 사로잡는 참치샌드위치

INGREDIENTS

1인분

식빵 2장
작은 크기 참치캔 1/2개(50g)
양파 1/8개(25g)
오이피클 3~4조각

양념
마요네즈 1T
소금·후춧가루·설탕 약간

HOW TO MAKE

1 식빵은 마른 팬이나 토스터에 앞뒤로 노릇하게 구워요.

2 참치는 기름을 쪽 빼고, 양파와 피클은 곱게 다져 면포로 꼭 짜서 물기를 제거해요.

3 볼에 참치, 다진 양파와 피클, 양념을 넣고 잘 섞은 후 식빵 사이에 넣어요. 아이의 기호에 따라 식빵 테두리를 잘라 내도 돼요.

● **오이피클 만들기**

재료 오이 5개, 무 100g, 당근 1/2개 **양념** 물 3컵, 식초 1.5컵, 설탕 1.5컵, 소금 1.5T, 피클링스파이스 1T

1 오이는 5등분해서 열십자로 자른 뒤 씨 부분이 많으면 저며 내요.

2 무와 당근은 오이와 비슷한 크기로 썬 다음 가열 소독한 내열용기에 오이와 섞어 담아요.

3 냄비에 양념을 모두 넣고 중약 불에서 설탕이 녹을 때까지 끓여요.

4 재료를 담은 용기에 양념을 바로 부어 한 김 식힌 후 뚜껑을 닫아 실온에서 반나절 두었다 냉장보관해요.

달걀 물에 담가 굽는 촉촉한 프렌치토스트와

달콤한 단호박수프는 영양과 열량이 충분한 아침 메뉴예요.

단호박이나 감자는 재료 자체에 전분이 있어서

밀가루를 볶아 루를 만들지 않아도 쉽게 맛있는 수프를 만들 수 있어요.

너무 묽다 싶으면 갈 때 밥을 1큰술 정도 넣고 갈아 끓여요.

촉촉한 프렌치토스트 · 단호박수프

INGREDIENTS

1인분

프렌치토스트
두꺼운 식빵 1장
달걀 1개
저지방우유 2T
소금 약간
버터 1/2T
황설탕 1t
시나몬 가루 약간(생략 가능)

단호박수프
단호박 1/8개(125g)
양파 25g, 버터 1t
치킨파우더 약간
물 1/2컵, 우유 1/2컵

HOW TO MAKE

1   달걀은 알끈을 제거하고 우유와 소금을 약간 넣어 잘 풀어요.

2   식빵을 1에 앞뒤로 담가 적셔요.

3   달군 팬에 버터를 두르고 중약 불에서 앞뒤로 노릇하게 구워요. 취향에 따라 황설탕과 시나몬 가루를 뿌려요(생략 가능).

4   단호박은 껍질을 벗겨 나박 썰고, 양파는 채 썰어요.

5   달군 냄비에 버터를 넣고 녹으면 양파를 넣어 약한 불에서 볶다가 단호박과 치킨파우더, 물을 넣고 끓여요.

6   단호박이 익으면 우유를 넣고 약한 불에서 데우듯 끓인 후 믹서로 곱게 갈아요. 기호에 따라 생크림을 곁들여도 좋아요.

바쁜 출근길에 반가운 길거리토스트. 하지만 마가린과 설탕,

케첩이 들어가니 아이들 주기에는 꺼려지지요. 아이들 영양을 생각해서

토스트는 버터로 한 면만 굽고, 설탕 대신 연유를 사용했어요.

토스트와 함께 사과와 우유를 곁들여서 영양 밸런스를 맞춰 주세요.

Breakfast
369kcal

우유 200ml의 열량을 함께 계산하였습니다.

달콤한 길거리토스트와 우유

INGREDIENTS

1인분

식빵 2장
달걀 1개
양파 1/8개(25g)
당근 약간(5g)
양배추 1/2장(10g)
슬라이스 햄 1장
슬라이스 치즈 1장
버터 2t
연유 2t
케첩 2t
소금·후춧가루 약간

HOW TO MAKE

1 양파와 당근, 양배추는 곱게 채 썰어요.

2 달걀을 풀어 소금, 후춧가루로 간하고, 1을 넣고 섞어요.

3 달군 팬에 버터를 넣고 식빵을 한 면만 노릇하게 구워요.

4 달군 팬에 슬라이스 햄을 살짝 구워요.

5 달군 팬에 식용유를 두르고 2를 부어 중약 불에서 네모 모양을 잡아가며 부쳐요.

6 식빵의 구운 면에 연유를 바른 다음 달걀 패티, 케첩, 햄, 치즈를 올린 후 남은 식빵을 덮어 반으로 잘라 주세요.

폭신한 팬케이크에 달콤한 바나나를 곁들여서
아이들을 식탁으로 끌어들이는 메뉴예요.
열량이 걱정되면 시럽을 빼고 슬라이스 바나나만
곁들여 먹어도 맛있어요.

Breakfast
376kcal

입맛을 사로잡는 바나나팬케이크

INGREDIENTS

2인분

팬케이크 믹스 1/2컵
우유 50ml
달걀 1/2개
버터 1T
바나나 중간 크기 1개(100g)
흑설탕 1t
메이플시럽 1t(꿀이나 올리고
당으로 대체 가능)

HOW TO MAKE

1. 볼에 팬케이크 믹스를 담고 우유와 달걀을 넣어 거품기로 가볍게 반죽해요.

2. 달군 팬에 버터 1/2T를 넣고 녹인 뒤 반죽을 한 국자 떠 넣어요.

3. 약한 불로 구으면서 반죽에 기포가 올라오면 뒤집어 앞뒤로 노릇하게 구워요.

4. 팬케이크를 구운 팬에 남은 버터를 두르고 먹기 좋게 자른 바나나를 넣고 흑설탕을 뿌려 구워요. 캐러멜반응(설탕이 녹으면서 갈색으로 변하고 딱딱하게 굳는 현상)이 일어나면 팬케이크 위에 올리고 메이플시럽을 뿌려요.

* 아이 1인분은 얇게 부친 팬케이크 2장이 적당합니다.

오믈렛은 한끼 식사로도 손색없는 대표적인 달걀 요리예요.

속을 부드럽게 만들어야 맛이 좋으므로 완전히 익히지 않고 한쪽으로 뭉쳐

모양을 잡아 예열로 익히는 게 좋아요. 함께 곁들이는 베이글은

우유와 설탕, 버터를 넣지 않은 반죽을 끓는 물에 한 번 익힌 뒤 오븐에

굽는 빵이에요. 맛이 담백해서 오믈렛과 궁합이 잘 맞아요.

호텔식 치즈오믈렛·베이글

INGREDIENTS

2인분

치즈오믈렛
달걀 2개
우유 1T
햄 20g,
양파 1/4개(50g)
슬라이스 치즈 1/2장
피자치즈 1T
소금·후춧가루 약간
식용유 약간

베이글과 오렌지주스
플레인 베이글 1개
오렌지 1개

HOW TO MAKE

1 햄과 양파는 잘게 다진 후 식용유를 조금 넣고 볶아요.

2 달걀은 알끈을 제거하고 우유를 섞은 다음 고운 체에 내려 소금, 후춧가루로 간해요.

3 달군 팬에 식용유를 약간 두르고 2를 붓고 몇 번 휘저어 뭉글해지면

4 반쪽에 1과 손으로 찢은 슬라이스 치즈, 피자치즈를 올리고, 나머지 반쪽으로 덮은 뒤 모양을 잡아 접시에 담아요.

5 베이글은 세로로 잘라 달군 팬에 단면을 대고 바싹 구워요.

6 오렌지는 반으로 자른 후 스퀴저로 즙을 내어 컵에 담아요.

따끈한 와플에 차가운 생크림과 과일 토핑을 올리면

아이들이 무척 좋아하는 아침상이 완성돼요.

여기에서는 와플 반죽 재료부터 알려 드렸지만,

시판 와플 믹스를 이용하거나 팬케이크 믹스로도

쉽게 만들 수 있어요.

겉바속촉 생크림와플

INGREDIENTS

2인분

밀가루 130g
베이킹파우더 1t, 설탕 1T
소금 1/2t, 버터 1T
저지방우유 75ml
달걀(실온에 꺼내 둔) 1개
생크림 2T, 식용유 약간

생크림 재료
생크림(차가운) 1컵
설탕 3T

토핑 재료
베리류(블루베리, 크랜베리,
딸기등) 1t

HOW TO MAKE

1 밀가루와 베이킹파우더, 설탕, 소금은 모두 섞은 뒤 체에 내려 준비해 두세요.

2 버터는 전자레인지에 잠깐 돌려 녹인 다음 우유와 달걀을 넣고 잘 섞어요.

3 2와 1을 가볍게 섞어요.

4 와플펜을 달궈 숄로 시용유를 바른 뒤 3을 부어 노릇하게 구워요.

5 차가운 볼에 생크림과 설탕을 넣고 반죽기로 치대어 거품을 올려요. 수저로 떴을 때 뜬 자국이 남을 때까지 저으면 돼요.

6 따끈한 와플에 차가운 생크림과 토핑을 얹어요.

외국에서 아이들이 아침으로 즐겨 먹는 오트밀은

귀리를 익혀 눌러 만든 곡물이에요.

다른 곡류에 비해 단백질과 비타민 B_1

섬유소가 많아요. 거칠거칠한 질감으로 먹기

힘들어 할 수 있으니 칼륨이 풍부한

달콤한 고구마를 곁들여 수프로 끓여 주세요.

부드러운 고구마오트밀수프

INGREDIENTS

2인분

고구마 1과 2/3개(250g)
오트밀 2T
물 2컵
우유 1컵
꿀 1T
소금 약간

HOW TO MAKE

1 고구마는 껍질을 벗겨 깍둑 썬 후 냄비에 물과 함께 넣고 중약 불에서 부드럽게 익혀요.

2 익힌 고구마와 우유를 믹서로 갈아요.

3 냄비에 2를 넣고 약한 불에서 끓여요.

4 보글보글 끓어 오르기 전에 오트밀을 넣고 3분 정도 저은 뒤 꿀과 소금으로 간을 맞춰요.

* 고구마에는 밤고구마, 호박고구마, 물고구마 등이 있어요. 밤고구마는 수분 함량이 적어 맛탕이나 고구마 스틱, 튀김에 잘 어울리고, 호박고구마와 물고구마는 수분 함량이 많아 고구마수프, 소스류 같이 으깨는 요리에 잘 어울려요.

장조림은 주로 소고기로 만들지만, 돼지고기로도 장조림을 만들 수 있어요.

돼지고기 장조림은 식감이 좀 더 부드럽답니다.

조릴 때 고기를 덩어리로 졸인 후 고깃결을 따라 찢어 주면

더 부드러운 느낌의 장조림이 완성돼요.

Breakfast
364 kcal

뚝딱 만드는 장조림버터비빔밥

INGREDIENTS

1인분

밥 2/3공기
장조림 30g
버터 1/2T
달걀 1개
무장아찌 15g
장조림 국물 1T
쪽파 1대

HOW TO MAKE

1 장조림은 고깃결대로 잘게 찢고, 무장아찌는 채 썰어 물에 담가 짠 기를 빼서 꼭 짜고, 쪽파는 송송 썰어 준비해 두세요.

2 달군 팬에 기름을 두르고 달걀을 프라이해요.

3 뜨거운 밥 위에 버터와 장조림, 무장아찌, 달걀 프라이를 순서대로 올리고 쪽파를 뿌린 후 장조림 국물로 간을 맞춰 비벼 먹어요.

* 무장아찌가 없으면 동치미나 김치, 단무지를 넣어도 돼요.

● **장조림 만들기**

재료 소고기(장조림용) 400g, 물 4컵, 달걀 4개(또는 메추라기 알 10개)

조림장 간장 120ml, 설탕 4T, 청주 2T, 마늘 4~6쪽, 대파 20cm, 마른 고추 1개, 통후추 1t

1 소고기는 5cm 크기의 덩어리로 썬 후 찬물에 1시간 이상 담가 핏물을 빼요.

2 달걀 또는 메추라기 알은 완숙으로 삶은 뒤 껍질을 벗겨요.

3 냄비에 소고기와 물을 넣고 끓으면 거품을 걷어 낸 후 중약 불에서 20분 정도 끓여요.

4 조림장 재료와 깐 달걀을 넣고 약한 불에서 20분 정도 졸인 후 마늘, 대파, 마른 고추, 통후추를 건져 내요.

냉장고 속에 무슨 반찬이 남아 있나요?

무친 지 사흘 된 콩나물과 시금치나물, 어제 먹고 남은 고기 몇 점….

아, 오늘은 모두 송송 썰어 밥전을 부쳐야겠네요.

밥전은 냉장고에 먹다 남은 나물이 남아 있거나 김밥 재료가

남아 있을 때 만들면 그만이에요.

Breakfast
386 kcal

밥전과 유자청에이드(200ml)의 열량을 함께 계산하였습니다.

먹다 남은 나물로 만드는 밥전

INGREDIENTS

1인분

밥 1/2공기
나물(시금치, 콩나물, 버섯 등) 35g
고기나 햄 20g
달걀 1개
식용유 약간

HOW TO MAKE

1 나물은 송송 썰고, 고기나 햄은 잘게 다지고, 달걀은 풀어 두세요.

2 볼에 밥과 1의 재료들을 모두 넣고 섞어요.

3 달군 팬에 식용유를 두르고 중간 불에서 한 수저씩 떠서 노릇하게 부쳐요.

● **상큼한 유자청에이드**

매실청, 오미자청, 청귤청, 유자청 등 아이들이 좋아하는 청을 탄산수에 타 주면
상큼한 맛이 일품이지요. 빨대로 마시기 좋게 건더기는 걸러 내도 좋아요.

재료 유자청 2T, 탄산수 1컵, 얼음 3~4개

1 컵에 유자청을 넣고 탄산수를 반 정도 붓고 섞어요.

2 나머지 탄산수와 얼음을 넣고 섞으면 완성! 얼음을 넣으면 여분의 탄산이 빠지고 시원해서 좋아요.

잘 끓인 죽은 밥보다 맛있어요. 죽을 맛있게 끓이려면

육수를 조금씩 넣고 저으며 끓여요. 그러면 탱글탱글한 쌀의 식감도

살리면서 재료의 맛도 잘 흡수된답니다.

찹쌀은 멥쌀과 비슷하지만, 아밀로펙틴이라는 성분이 더 많아

찰지고 단백질 함량이 높은 편이에요.

Breakfast
340 kcal

속 편안한 찹쌀영양죽

INGREDIENTS

2인분

찹쌀 90g
생새우 4~5마리(60g)
소고기 60g
애호박 1/6개(50g)
양송이 3개(45g)
양파 1/5개(40g)
당근 1/7개(30g)
다시마육수 4컵

소고기 밑간

소금·후춧가루 약간
다진 마늘 약간

양념

참기름 2T, 조선간장 2t
소금 약간

HOW TO MAKE

1 찹쌀은 씻어서 30분 정도 불려 체에 밭쳐 두고, 소고기는 굵게 다져 밑간에 재워요.

2 새우는 내장을 제거하고 머리와 꼬리를 뗀 다음 굵게 다지고, 애호박, 양송이, 양파는 굵게 다지고, 당근은 조금 더 곱게 다져요(생새우 손질법은 138쪽을 참고하세요).

3 냄비에 참기름 1큰술을 두르고 센 불에서 채소를 모두 넣어 볶은 후 그릇에 옮겨 두세요.

4 냄비에 남은 참기름 1큰술을 두르고 소고기를 볶아 겉면이 익으면 쌀을 넣고 불투명해질 때까지 볶아요.

5 다시마육수를 1컵씩 넣어가며 끓이다가 찹쌀이 퍼지면 볶은 채소와 새우를 넣어요.

6 조선간장을 넣고 저은 후 소금으로 간을 맞춰요.

전날 닭을 푹 끓여 두고 찹쌀을 불려 놓고 자면 아침에 금방 만들 수 있어요.

닭 한 마리를 통으로 끓이면 국물 맛이 잘 우러나지요.

아이가 고기를 좋아한다면 닭다리를 여러 개 넣고 국물을 내도 좋아요.

어른을 위한 조리팁

닭과 부추만큼 잘 어울리는 재료가 없죠. 부추는 3~4cm로 썰고 양파도 채썰고, 간장, 설탕, 고춧가루, 다진 마늘,
식초, 액젓을 모두 같은 분량으로 넣어 잘 섞은 뒤 살살 버무려 참기름과 통깨를 뿌려 같이 곁들여 먹어요.

속이 든든한 닭죽

INGREDIENTS

4인분

영계 1마리(500g)
물 6컵
마늘 4~5쪽
통후추 2~3개
대파 10cm 2대
찹쌀 3/4컵(150g)
소금·후춧가루 약간

HOW TO MAKE

1 큰 냄비에 속까지 깨끗이 씻은 닭과 물, 마늘, 통후추, 대파를 넣고 팔팔 끓여요.

2 닭이 2/3 이상 잠길 정도로 물을 보충해 가며 중약 불로 1시간 정도 더 끓인 다음 불을 꺼요.

3 찹쌀은 깨끗이 씻어 30분 정도 불린 뒤 체에 밭쳐 두세요(여기까지 전날 미리 해 두면 좋아요).

4 닭을 건져 살을 발라 내고, 육수는 체에 걸러요.

5 냄비에 불린 찹쌀과 육수를 넣고 약한 불로 찹쌀이 퍼질 때까지 저어가며 끓여요.

6 발라놓은 살을 넣고 섞은 뒤 소금과 후춧가루로 간을 맞춰요.

전복죽은 내장이 들어가야 제 맛인데 아이들은 "색이 이상해!" 하며
고개를 젓는 경우가 많지요. 그럴 때는 억지로 먹이느라 힘 빼지 말고
버터나 참기름에 구워 엄마, 아빠가 드세요. 우리 몸도 소중하니까요.

- 육수를 한꺼번에 붓고 끓이면 쌀알이 푹 퍼진 죽이, 조금씩 첨가하면 쌀알이 살아있는 죽이 돼요.
- 육수가 없으면 물을 사용해도 되지만 내장을 안 넣을 경우에는 다시마육수를 넣는 게 좋아요.
- 급히 다시마육수를 만들고 싶을 땐 내열용기에 물과 다시마를 넣고 전자레인지에 2~3분 정도 돌려요.
- 아이가 전복내장을 싫어한다면 내장에 참기름이나 버터를 두르고 중간불에 구워 먹으면 별미예요.

기운을 돋우는 야채전복죽

2인분

쌀 90g
전복 2마리(120g)
당근 1/7개(30g)
애호박 1/8개(30g)
다시마육수 4컵

양념
참기름 1T
다진 마늘1t
소금 약간
청주 약간

HOW TO MAKE

1 쌀은 씻어 30분 정도 불려 체에 밭치고, 당근과 애호박은 잘게 다져요.

2 전복은 칫솔로 껍질과 살 사이사이를 깨끗이 닦은 뒤, 숟가락을 껍질과 살 사이에 집어넣어 전복살을 분리해요.

3 내장을 터지지 않게 떼어낸 뒤 이빨을 제거해요.

4 전복살은 얇게 썰고, 내장은 청주를 약간 뿌려 두세요.

5 달군 냄비에 참기름을 두른 뒤 불린 쌀과 당근, 애호박, 내장을 넣고 내장을 터트리며 볶아요.

6 쌀이 반투명하게 볶아지면 다진 마늘과 전복살을 넣고 한 번 더 볶은 뒤 육수를 1컵 넣고 저어요. 쌀과 육수가 잘 어우러지면 육수를 1컵씩 더 넣으면서 쌀알이 퍼질 때까지 끓이고 마지막에 소금으로 간해요.

전날 끓여 놓은 황탯국이 있으면 조금 더 손을 더해
맛있는 죽으로 만들어 보세요. 황태를 건져 조물조물 양념을
한 후 넣어 끓이면 맛있는 황태죽이 완성돼요.

Breakfast
391 kcal

입맛을 살리는 황태죽

INGREDIENTS

1인분

밥 1/2공기
(황탯국에서 건진) 황태 1/2컵
쪽파 2대
달걀 1/2개
참기름 1t
황탯국물 1과 1/2컵
소금 약간

황태 밑간

다진 파 1t
다진 마늘 1/2t
참기름 1t
소금 약간

HOW TO MAKE

1 국에 들어갔던 황태는 질길 수 있으니 송송 잘게 썬 뒤 밑간에 버무려 15분 정도 재우고, 쪽파는 송송 썰고 달걀은 잘 풀어 두세요.

2 달군 냄비에 참기름을 두르고 약한 불에서 밥과 황태를 섞듯이 볶다가

3 황탯국물을 조금씩 넣으며 저어요.

4 밥이 국물과 잘 어우러지면 달걀 물을 넣고 섞은 뒤 그릇에 담아 쪽파를 올려요.

* 황탯국 끓이는 방법은 236쪽을 참고하세요.

어른, 아이 누구나 좋아하는 떡국은 여러 가지 방법으로 만들 수 있어요.

사골을 고아 만들면 난이도 10점, 소고기육수를 내어 만들면 8점, 멸치다시마육수를 내어 만들면 4점,

시판 사골육수를 사서 고명 없이 끓여 내면 1점이지요. 여기에서 소개하는 소고기떡국은 먹기 좋게 썬 소고기에

밑간을 해서 맛이 쉽게 우러나 아침에 쉽게 끓일 수 있는 난이도 5점의 쉬운 떡국이에요.

호박을 채 썰어 볶은 다음 고명처럼 얹어 먹으면 맛도 좋고 채소 섭취량도 늘릴 수 있답니다.

Breakfast
334 kcal

078

쉽게 끓이는 소고기떡국

INGREDIENTS

2인분

소고기(등심 혹은 목심) 50g
떡국 떡 200g, 대파 4cm
물 2와 1/2컵

소고기 밑간
소금 1/2t
다진 파·다진 마늘·후춧가루
약간

양념
참기름 1T, 조선간장 1/2T
다진 마늘 1t, 소금 약간

고명
달걀노른자 1개
조미김 2장

HOW TO MAKE

1 떡국 떡은 찬물에 담가 두세요.

2 소고기는 먹기 좋은 크기로 썰어 키친타월로 핏물을 제거한 후 소고기 밑간에 10분 정도 재워 두세요.

3 달군 냄비에 참기름을 두르고 소고기를 볶다가 물을 넣어 끓이면서 거품을 걷어 내고, 조선간장과 다진 마늘을 넣고 끓여요.

4 달걀노른자는 얇게 부쳐 가늘게 채 썰고, 대파는 송송 썰고, 김은 잘게 부셔요.

5 떡을 넣고 끓여 떡이 떠오르면 중간 불로 줄여요.

6 대파를 넣은 다음 불을 끄고 소금으로 나머지 간을 맞춰요. 그런 다음 그릇에 담아 달걀지단과 김고명을 얹어요.

점심으로 좋은
한 그릇 밥

아이들이 좋아하는 볶음밥과 덮밥, 국수와 파스타예요.

만들기도, 치우기도 편한

한 그릇 식사로 오후를 활기차게 보내요.

Lunch
421 kcal

김치가 매워서 싫어하는 아이라면

김치 소를 털고 꼭 짜거나 물에 한 번 씻어서 사용해요.

햄보다는 훈제 향이 좀 더 강한 베이컨을 사용하는 것이 좋아요.

매운 걸 아예 못 먹는 아이라면 백김치로 만들어도 돼요.

김치랑 친해지는 김치베이컨볶음밥

INGREDIENTS

1인분

밥 2/3공기
배추김치 1/2컵
베이컨 2장(30g)
양파 1/8개(30g)
쪽파 5대

양념
통깨 1/2t
소금·후춧가루 약간

HOW TO MAKE

1 배추김치는 소를 털고 꼭 짜서 송송 썰어요.

2 베이컨은 잘게 썰고, 양파는 다지고, 쪽파는 송송 썰어요.

3 달군 팬에 베이컨을 넣고 볶아 기름이 돌면 김치와 양파를 넣고 볶다가 밥을 넣어 볶아요. 마지막으로 소금, 후춧가루로 간하고 통깨를 뿌린 후 불을 꺼요.

4 다른 팬에 달걀 프라이를 한 다음 볶음밥에 얹어요.

* 베이컨과 김치 자체에 간이 되어 있으므로 소금은 간을 보고 넣으세요.

* 아이가 매운 음식을 못 먹는다면 배추김치를 물에 살짝 헹궈 꼭 짜서 사용해요.

볶음밥을 얇게 부친 달걀로 감싼

오므라이스는 아이가 잘 안 먹는 재료를

숨겨 조리할 수 있어서 좋아요.

소스를 과하게 섭취하면 열량뿐 아니라

나트륨 섭취량도 늘어나니

조금만 먹도록 지도해 주세요.

Lunch
566 kcal

- 하이라이스 가루가 없으면 돈가스소스 3큰술로 대체할 수 있어요.
  대신 맛이 강해지니 우유와 설탕으로 맛을 조절해요.
- 케첩과 버터 대신 우스터소스나 돈가스소스, 약고추장 등을 사용
  해도 돼요.

촉촉한 오므라이스

INGREDIENTS

1인분

밥 2/3공기, 소고기(등심) 25g
당근 15g, 애호박 15g
양파 10g, 캔 옥수수 10g
식용유 약간

달걀 부침
달걀 1개, 소금·후춧가루 약간
샌크림 1T(또는 우유 1과 1/2T)
식용유 약간

양념
케첩 1T, 버터 1t
소금·후춧가루 약간

소스
물 5T, 우유 2T, 케첩 1T
하이라이스 가루 1T, 설탕 1t

HOW TO MAKE

1 소고기, 당근, 애호박, 양파는 캔 옥수수 알갱이 크기로 썰어 두세요.

2 소스 재료는 모두 섞어 팬에 담아 끓여요. 끓어오르기 시작하면 약한 불로 줄이고 우유로 농도를 맞춰요.

3 달군 팬에 식용유를 두르고 소고기와 채소를 모두 넣고 볶아요.

4 3에 밥을 넣어 볶다가 소금과 후춧가루로 간을 해요. 고슬고슬하게 볶아졌으면 케첩과 버터를 넣어 가볍게 뒤섞은 뒤 덜어 두세요.

5 알끈을 제거한 달걀에 생크림 또는 우유를 넣고 소금, 후춧가루로 간하여 잘 섞은 뒤 달군 팬에 식용유를 살짝 묻혀 키친타월로 닦아낸 후 얇게 부쳐요.

6 반쪽에 볶음밥을 올리고 나머지 반쪽으로 덮은 뒤 접시에 담고, 소스를 부어 내요.

고기에 다양한 채소를 잘게 잘라 시판 짜장 가루, 카레 가루,

스파게티소스를 넣어 끓이면 조금은 쉽게 채소를 먹일 수 있어요.

궁합으로 볼 때 짜장은 오징어, 해물, 돼지고기가 잘 맞고, 토마토소스는

소고기와 양파, 카레는 향이 강해 그 어떤 재료와도 잘 어울려요.

Lunch
420 kcal

어른을 위한 조리팁

아이가 먹을 카레를 덜었다면 여기에 강황 가루를 물에 개어 넣고 한 번 끓여도 좋아요.
요거트가 들어간 카레는 씁쓸한 강황가루와도 정말 잘 어울리거든요. 고수를 좋아한다
면 굵게 다져 먹기 직전에 섞어요.

상큼한 토마토카레라이스

INGREDIENTS

4인분

닭 안심 6쪽(180g)
감자 1개(150g)
양파 1개(200g)
당근 1/3개(70g)
토마토 1개(200g)
버터 1T
식용유 1T
플레인 요구르트 1개
카레 가루 60g
물 2컵

HOW TO MAKE

1 닭 안심과 감자, 양파, 당근을 모두 한입 크기로 썰어요.

2 토마토는 껍질을 벗기고 씨를 뺀 후 같은 크기로 썰어요.

3 냄비에 버터와 식용유를 넣은 뒤 버터가 녹으면 센 불로 올리고 재료를 모두 넣어 볶아요.

4 물 2컵을 넣은 뒤 중약 불로 줄여 감자가 익을 때까지 끓여요.

5 약한 불로 줄인 뒤 카레 가루를 넣고 멍울이 지지 않도록 잘 푼 다음

6 플레인 요구르트를 섞어 마무리해요.

* 카레는 자칫 하루 나트륨 섭취량이 많아질 수 있으니 나트륨 배출에 도움이 되도록 재료를 데쳐 사용하거나 칼륨이 풍부한 채소를 넣어 조리하면 좋아요.

어른을 위한 조리팁

고추장과 케첩을 1:1의 비율로 섞고 여기에 기호에 맞게 핫소스를 약간 섞어서 밥 위에 발라 준 뒤 치즈를 올리면 느끼하지 않게 먹을 수 있어요.

• 볶음밥에 토마토소스를 넣어 섞은 뒤 피자치즈를 올려 구워도 맛있어요.
• 로제소스를 좋아한다면 토마토소스에 생크림 1큰술을 같이 섞으면 돼요.

그라탱은 소스를 넉넉히 둔 볶음밥에 치즈를 올려 오븐에 구워 낸 음식이에요.

그리스의 도리아 지방에서 즐겨 먹는 그라탱을 도리아라고 부르는데,

시판 크림파스타소스를 이용해서 간편하게 치킨도리아를 만들어 봐요.

치즈를 듬뿍! 치킨도리아

INGREDIENTS

1인분

밥 2/3공기
닭 안심 1쪽(30g)
칵테일새우 3마리(30g)
양파 1/4개(50g)
양송이 1개(15g)
피망 1/10개(10g)
피자치즈 1/3컵

양념
크림파스타소스 1/3컵
버터 1/2T
다진 마늘 1t
화이트와인 1T(생략 가능)
파슬리 가루 약간(생략 가능)
소금·후춧가루 약간

HOW TO MAKE

1 닭 안심, 꼬리를 뗀 칵테일새우, 양파, 양송이, 피망을 작은 주사위 모양으로 깍둑 썰어요.

2 달군 팬에 버터와 다진 마늘을 넣고 볶아 향을 낸 후

3 보통 불로 올려 양파와 닭 안심, 새우를 순서대로 넣고 볶아요.

4 새우가 익으면 양송이와 피망을 넣고 센 불에서 빨리 볶다가 화이트와인을 뿌려요(생략 가능).

5 밥을 넣고 소금, 후춧가루를 뿌려 뒤섞은 뒤 크림파스타소스를 넣고 섞어요.

6 오븐 용기에 담은 후 피자치즈를 골고루 뿌리고 180도로 예열한 오븐에서 약 10분 정도 노릇하게 구운 후 꺼내어 파슬리 가루를 뿌려요(생략 가능).

일본식 소고기덮밥과 불고기덮밥이 무슨 차이가 있냐고요?

일본식 소고기덮밥(규동)은 고기를 미리 재우지 않아

고기의 질감이 더 살아있고,

다진 마늘과 파가 들어가지 않아 더 달고 고소하게 느껴져요.

그래서인지 아이들이 잘 먹는답니다.

달걀을 덮은 일본식 소고기덮밥

INGREDIENTS

1인분

밥 2/3공기
소고기(불고기용) 70g
양파 1/4개(50g)
팽이버섯 1줌(20g)
쪽파 2대
달걀노른자 1개
다시마육수 1/2컵

양념
간장 1T
맛술 1T
청주 1T
설탕 1/2T

HOW TO MAKE

1. 소고기는 키친타월로 눌러 핏물을 빼요.

2. 팽이버섯은 밑동을 제거한 후 3등분하고 결대로 뜯어요. 양파는 굵게 채 썰고, 쪽파는 팽이버섯 길이로 썰어요.

3. 팬에 다시마육수와 양념을 넣고 끓이다 채 썬 양파와 소고기를 넣고 고기가 익을 때까지 끓여요.

4. 팽이버섯과 쪽파를 넣고 한 번 뒤섞은 뒤 달걀노른자를 올리고 뚜껑을 닫은 후 불을 꺼요. 1~2분 뒤 달걀이 반쯤 익으면 밥 위에 올려요.

* 생달걀을 싫어하면 터트려 섞어 익힌 후 불을 꺼요.

스페인은 우리나라와 닮은 점이 많아요. 특히 스페인식 볶음밥인 빠에야는 우리 볶음밥과 너무 닮았지요.

해물, 소시지, 돼지고기, 닭고기 등 각종 재료를 모두 사용하고, 나중에 눌은 밥을 긁어먹는 것도요.

빠에야의 색이 노란 것은 사프란 때문인데, 구하기 어려운 편이니 강황 가루로 대신했어요.

참, 빠에야에는 찰기 있는 일반 쌀보다는 길쭉한 품종, 즉 안남미나 재스민 쌀이 더 잘 어울려요.

Lunch
450 kcal

색다른 스페인식 볶음밥

INGREDIENTS

2인분

불린 쌀 1컵(120g)
홍합 6개, 소시지 1개
칵테일새우 6마리(60g)
닭가슴살 1/2쪽(50g)
양파 1/4개(50g)
피망 1/3개(30g)
토마토 1/2개(70g)
양송이 2개(30g)
올리브유 1과 1/2T
다진 마늘 1T
화이트와인 2T(생략 가능)

육수
물 1컵, 강황 가루 2t
치킨파우더 1t
소금·후춧가루 약간

HOW TO MAKE

1 쌀은 씻어서 30분 정도 불려 체에 밭쳐 두고, 육수는 모두 섞어 두세요.

2 홍합은 수염을 떼고 껍질을 씻어 두고, 칵테일새우, 소시지, 닭가슴살은 먹기 좋은 크기로 썰어 두세요.

3 양파와 피망은 굵게 다지고, 토마토는 껍질과 씨를 제거한 뒤 굵게 다지고, 양송이는 저며요.

4 팬에 올리브유와 다진 마늘, 양파, 피망, 토마토, 닭가슴살을 넣고 볶다가 불린 쌀을 넣고 같이 볶아요.

5 홍합, 새우, 소시지, 양송이, 화이트와인을 넣고 뒤적인 뒤

6 미리 섞어 둔 육수를 붓고 중약 불에서 20분 정도 익혀요.

춘장은 우리나라에서 만든 중국 요리 소스예요.

콩을 소금에 절여 발효시킨 후 캐러멜색소를 넣어 숙성시켰지요.

춘장으로 짜장을 만들 땐 기름을 많이 넣어야 하지만

기름이 춘장에 모두 흡수되는 것은 아니랍니다. 처음부터 춘장을 볶아

짜장밥을 만들어 주면 특별한 맛으로 기억될 거예요.

Lunch
397 kcal

한 그릇 뚝딱! 짜장볶음밥

INGREDIENTS

1인분

밥 2/3공기
돼지고기 30g
양배추 1/2장
양파 15g
애호박 15g
대파 4cm
오징어 20g
볶은 춘장 1과 1/2T
식용유 1/2T
생강즙 1t
청주 1/2T

양념
소금·후춧가루 약간

HOW TO MAKE

1 돼지고기는 짧게 채 썰고, 양배추, 양파, 호박은 네모나게 썰고, 대파는 송송 썰고, 오징어는 양파 크기로 썰어요.

2 달군 팬에 식용유를 두르고 대파를 볶다가 센 불로 올려 돼지고기와 생강즙을 넣고 볶아요.

3 양배추, 양파, 호박을 넣어 볶다가 채소가 반쯤 익으면 오징어와 볶은 춘장, 청주를 넣고 섞어요.

4 따뜻한 밥을 넣고 볶다가 소금, 후춧가루로 간을 맞춰요.

● **춘장 볶음**

재료 춘장 150g(시판 진미 춘장의 1/2 분량), 식용유 150㎖, 설탕 5T

1 팬에 식용유를 넣고 기름이 뜨거워지면 춘장과 설탕을 넣고 약한 불로 줄여요.

2 설탕이 모두 녹으면 중약 불로 올려 튀기듯 2~3분 동안 볶아요.

3 볶은 춘장을 체에 밭친 후 기름을 빼고 사용해요. 거른 식용유는 채소를 볶을 때 다시 사용해도 돼요.

Lunch
512 kcal

• 가다랑어포육수를 내기 어려울 땐 쯔유나 국수장국을 물에 타서 써도 돼요.
• 소스가 너무 졸아들면 물이나 육수를 조금 더 넣어 촉촉하게 만들어요.

아이라면 누구나 좋아하는 돈가스. 덮밥으로 만들 때는

국물을 위에 끼얹을 거라 굳이 튀기지 않고

프라이팬에 기름을 넉넉히 두르고 튀기듯 구워요.

국물을 얹은 돈가스덮밥

INGREDIENTS

1인분

밥 2/3공기
돈가스 1장(55g)
양파 1/4개(50g)
당근 1/8개(25g)
대파 4cm
표고버섯 1/2개
팽이버섯 1줌(20g)
달걀 1/2개
소금 약간

소스
가다랑어포육수 1/2컵
청주 1/2T, 맛술 1T
간장 1과 1/2T
후춧가루 약간

HOW TO MAKE

1 볼에 미리 소스를 섞어 두고, 달걀도 소금을 약간 넣어 풀어 두세요.

2 달군 팬에 식용유를 두르고 돈가스를 앞뒤로 노릇하게 튀기듯 구워요.

3 돈가스가 식으면 먹기 좋게 잘라요.

4 양파, 당근은 채 썰고, 대파는 어슷 썰고, 표고버섯은 저미고, 팽이버섯은 밑동을 제거한 후 가닥가닥 뜯어 놓으세요.

5 팬에 소스와 양파, 당근, 대파, 표고버섯을 넣고 바글바글 끓으면

6 팽이버섯과 달걀 물을 부은 후 뚜껑을 닫고 불을 꺼요. 마지막으로 뜨거운 밥 위에 튀긴 돈가스를 올리고 덮밥 재료를 위에 부어요.

미리 재워 둔 불고기가 없다면 불고기용 소고기에 기본 분량의
불고기 양념을 하되 고기의 빠른 연육 작용을 위해 배나 키위,
파인애플 간 것을 적당히 넣고 10분 정도 재웠다 볶아서 요리해요.
갈아 만든 과즙 음료나 배즙도 비슷한 효과가 있어요.

치즈를 얹은 불고기그라탱

INGREDIENTS

1인분

밥 2/3공기
재운 불고기 50g
식용유 약간
다진 양파 2T
다진 청·홍 피망 1T
다진 양송이 1T
다진 김치 1T
피자치즈 50g
우스터소스 1t

HOW TO MAKE

1 달군 팬에 식용유를 약간 넣고 재운 불고기를 달달 볶아요.

2 불고기가 익으면 양파, 피망, 양송이, 김치를 넣고 볶아요.

3 2에 밥과 우스터소스를 넣고 뒤적인 뒤

4 오븐용 그릇에 담아 피자치즈를 뿌리고 170도로 예열된 오븐에
   10분 정도 구워요.

* 오븐이 없으면 전자레인지에서 피자치즈가 녹을 때까지 데워 먹어도
   돼요.

* 불고기 600g을 재울 경우의 양념 분량은 40쪽을, 100g을 재울 경우엔 41
   쪽을 참고하세요.

세상에서 탕수육이 제일 맛있다던 아이가

칠리새우를 먹어 보더니, 최고의 요리를 찾았다며

좋아했어요. 튀기지 않은 새우로 칠리소스 덮밥을

만들어 주니 그 맛이 난다며 잘 먹더라고요.

달걀을 넣으면 좀 더 부드럽게 먹을 수 있어 좋아요.

새콤달콤 칠리새우덮밥

INGREDIENTS

1인분

밥 2/3공기
생새우 4~5마리(60g)
완숙토마토 1/4개(50g)
달걀 1개, 양파 1/4개(50g)
대파 4cm, 마늘 1쪽
생강 1/3톨, 녹말물 1T

새우 밑간
녹말 가루 1t,
청주·소금·후춧가루 약간

소스
스위트칠리소스 1T, 케첩 1T
물 1/4컵, 굴소스 1/2t
설탕 1/2t, 레몬즙 1t

양념
식용유·소금·후춧가루 약간

HOW TO MAKE

1 손질한 새우는 밑간에 버무려 10분 정도 재워 놓고, 소스 재료는 볼에 담아 섞어 두세요(새우 손질법은 239쪽을 참고하세요).

2 달군 팬에 식용유를 두른 후 달걀을 스크램블해서 그릇에 덜어 두고

3 새우도 반쯤 익혀 덜어 두세요.

4 토마토는 안에 씨를 뺀 후 굵게 채 썰고, 양파도 같은 두께로 굵게 채 썰어요. 마늘과 생강은 저미고, 대파는 어슷 썰어 준비해 두세요.

5 달군 팬에 식용유를 넉넉히 두르고 중약 불에서 마늘과 생강, 대파를 넣고 볶아 향을 내다가 생강을 빼내요. 거기에 토마토와 양파를 넣고 볶다가 소스를 넣고 끓여요.

6 바글바글 끓으면 불을 줄이고, (물 1/2T에 녹말 1/2T를 넣고 잘 섞어 만든) 녹말물과 새우, 스크램블한 달걀을 넣고 버무리듯 섞은 뒤 밥 위에 올려요.

Lunch
414 kcal

탱글탱글 호로록 씹히는 식감 덕분에

아이들은 우동면을 참 좋아하지요.

우동을 볶은 후 뜨거울 때 가다랑어포를 올리면

춤추듯 팔랑거리는 모양이 무척 재미있답니다.

탱글탱글 볶음우동

INGREDIENTS

1인분

우동면 2/3봉지(140g)
돼지고기(잡채용) 35g
칵테일새우 4마리(40g)
양파 1/4개(50g)
당근 조금(10g)
쪽파 3대, 마늘 1쪽
숙주 1줌(50g)
가다랑어포 1줌
식용유 약간

양념
간장 1T, 굴소스 1t
맛술 1T, 참기름 1/2T
소금·후춧가루 약간

HOW TO MAKE

1 양파는 굵게 채 썰고, 당근은 채 썰고, 쪽파는 4cm 길이로 썰고, 마늘은 편으로 저미고, 숙주는 씻은 후 체에 밭쳐 물기를 빼 두세요.

2 끓는 물에 우동면을 넣고 2~3분 정도 데친 후 찬물에 헹궈 체에 밭쳐요.

3 팬에 식용유를 두르고 저민 마늘을 볶아 향을 낸 후

4 센 불로 올려 돼지고기와 칵테일새우를 넣고 볶아요.

5 4에 양파와 당근을 넣고 볶다가 데친 우동면과 간장, 굴소스, 맛술을 넣어 볶아요.

6 숙주와 쪽파, 참기름을 넣고 한 번 뒤적인 뒤 불을 끄고 소금, 후춧가루로 간을 맞추고 가다랑어포를 얹어요.

매운 라면을 못 먹는 아이라도 우동 면발은 너무 좋아하지요.

거기에 일본식 닭튀김인 가라아게를 추가하면 없어서 못 먹는 맛있는

한 끼 식사가 돼요. 가라아게는 다양한 식재료에 덧가루를 묻혀 기름에

튀긴 음식으로 우리나라의 치킨도 가라아게랍니다. 주재료로 닭을

많이 쓰는데, 뼈가 없는 닭다리살 정육을 쓰면 먹기 좋고 만들기도 편해요.

누구나 좋아하는 어묵우동

~~~~~~~~~~~~~~~~~~~~

INGREDIENTS

~~~~~~~~~~~~~~~~~~~~

HOW TO MAKE

~~~~~~~~~~~~~~~~~~~~

2인분

우동면 1/2봉지(100g)
어묵 10g
쪽파 2대
가다랑어포육수 1과 1/2컵
쯔유 1T
쑥갓 1줄기

1 어묵은 길게 썰고 쪽파는 송송 썰어요.

2 우동면은 끓는 물에 넣어 2분 정도 삶은 후 체에 건져 두세요. 단, 면 끓이는 시간은 건면, 생면, 냉동면에 따라 다르므로 제품 설명서를 참고하세요.

3 냄비에 가다랑어포육수와 어묵, 쯔유를 넣어 끓여요.

4 삶은 우동면을 넣고 끓으면 불을 끄고 쑥갓을 올려요.

한입에 쏙! 일본식 닭튀김

~~~~~~~~~~~~~~~~~~~~

INGREDIENTS

~~~~~~~~~~~~~~~~~~~~

HOW TO MAKE

~~~~~~~~~~~~~~~~~~~~

2인분

닭다리살(정육) 160g

닭다리 밑간
청주 1T, 간장 2t
다진 마늘 1t, 소금 1t
후춧가루 약간

튀김옷
달걀 1개, 밀가루 2T
녹말 가루 2T, 치킨파우더 1t
후춧가루 1/2t, 물 약간

1 닭다리살은 먹기 좋은 크기로 잘라 밑간에 버무린 후 15분 정도 재워 두세요.

2 튀김옷 재료를 모두 섞어요. 가라아게용 튀김옷은 다소 되게 만들어야 하므로 반죽의 상태에 따라 물을 가감해요.

3 냄비에 식용유를 넣고 반죽을 떨어트려 바로 올라올 정도의 온도(170도)가 되면 재운 닭에 튀김옷을 입혀 1차로 튀겨 건진 후, 2~3분 뒤에 다시 한 번 갈색이 될 때까지 튀겨요.

부들부들한 닭다리살과 쫄깃한 표고버섯, 아삭한 대파와
양파를 달걀이 부드럽게 감싸 주는 덮밥이에요.
엄마인 닭과 아들인 달걀이 한 그릇에 들어갔다고 해서
일본말로 오야꼬동(모자덮밥)이라고 부르지요.
작은 프라이팬에 요리하는 편이 밥 위에 올리기 좋아요.

달걀로 감싼 일본식 닭고기덮밥

INGREDIENTS

1인분

밥 2/3공기
닭다리살(정육) 90g
양파 1/3개(70g)
표고버섯 1개
대파 4cm, 달걀 1개

닭 밑간
청주 1t
소금·후춧가루 약간

소스
가다랑어포육수 1/2컵
간장 1T, 맛술 1T
청주 1T, 설탕 1t

HOW TO MAKE

1   닭다리살은 껍질을 떼고 살만 먹기 좋게 길게 썰어 밑간에 재워요.

2   양파와 표고버섯은 채 썰고, 대파는 어슷 썰고, 달걀은 알끈을 제거하고 잘 풀어 두세요.

3   팬에 소스 재료와 재운 닭고기를 넣고 끓여요.

4   닭고기가 익으면 양파와 표고버섯을 넣고 익을 때까지 끓여요.

5   대파와 달걀을 넣고 뚜껑을 덮은 뒤 10초 정도 지나면 불을 꺼요.

6   달걀이 더 익을 때까지 20초 정도 놔둔 뒤 밥 위에 올려요.

• 소스의 농도는 약간의 우유를 가감해서 조절하고, 닭육수가 없으면 물 1/4컵에 치킨스톡 1식은술을 넣어 쓰세요. 아이가 셀러리 향을 싫어하면 빼거나 다진 당근으로 대체해도 괜찮아요.

햄버그스테이크와 동그랑땡, 떡갈비는 재료나 생김새가 비슷하지요.

다진 갈빗살에 소량의 다진 파, 마늘을 넣고 달콤하게 간을 한 떡갈비,

양파와 셀러리, 당근 등을 다져 넣고 따로 소스를 곁들여 먹는 햄버그스테이크,

채소와 물기를 꼭 짠 두부, 다진 고기를 넣고 밀가루와 달걀 물을 묻혀

전처럼 부치는 동그랑땡. 모두 아이들이 참 좋아하는 요리랍니다.

Lunch
518 kcal

샐러드와 구운 감자 1/2개를 합쳐 열량을 계산하였습니다.

소스를 곁들인 햄버그스테이크

INGREDIENTS

2인분

다진 소고기 80g
다진 돼지고기 50g
다진 셀러리 10g
다진 양파 20g
식용유, 물 2T

소스
양파 1/3개(70g)
양송이 2개(30g)
버터 1t, 밀가루 1t
닭육수 1/4컵, 케첩 1T
우스터소스 1t, 설탕 1/2t

양념
빵가루 1T, 케첩 1t
머스터드소스 1t
다진 마늘 1/2t
소금·후춧가루 약간

HOW TO MAKE

1 팬에 식용유를 살짝 두른 다음 다진 셀러리와 양파를 물기 없게 볶아 그릇에 덜어 두세요.

2 팬에 식용유를 살짝 두른 다음 얇게 썬 양파와 양송이를 넣고 볶아요.

3 다른 팬에 버터를 넣고 녹으면 밀가루를 넣고 볶다가 닭육수와 케첩, 우스터소스, 설탕을 넣고 바글바글 끓인 후 2를 넣고 끓여서 소스를 완성해요.

4 다진 소고기와 돼지고기에 1과 양념을 모두 넣고 오래 치대요.

5 반죽을 둥글넓적하게 빚어요. 구울 때 가운데가 잘 안 익을 수 있으므로 가운데를 살짝 눌러요.

6 달군 팬에 식용유를 두르고 노릇하게 구워요. 어느 정도 익으면 약한 불로 줄이고 뚜껑을 닫아 완전히 익혀요. 뚜껑을 닫기 전에 물 2큰술을 넣고 찌듯이 익히면 타지 않고 속까지 잘 익어요.

냉동실에 둔 새우는 시간이 부족할 때 반가운 식재료예요. 빨리 녹고, 감칠맛이 나며,

금방 익기 때문이지요. 대파와 부추, 쪽파, 달래처럼 아이들이 별로 좋아하지 않는

향신채소를 새우의 맛에 숨겨 조리할 수 있답니다. 달걀은 따로 스크램블을 했다가

나중에 볶음밥에 섞어야 부들부들한 맛을 살릴 수 있어요.

Lunch
488 kcal

간이 딱 맞는 새우대파볶음밥

INGREDIENTS

1인분

밥 2/3공기
생새우 4~5마리(60g)
대파 4cm
부추 2줄(10g)
마늘 2쪽
달걀 1개
식용유 약간

새우 밑간
맛술·후춧가루 약간

양념
버터 1t
소금 약간

HOW TO MAKE

1 새우는 내장을 제거하고 머리와 꼬리를 뗀 다음 한입 크기로 썰어 맛술과 후춧가루를 살짝 뿌려 밑간을 해요(생새우 손질법은 239쪽을 참고하세요). 손질이 번거로우면 칵테일새우를 사용해도 돼요.

2 대파는 최대한 얇게 송송 썰고, 부추는 짧게 썰고, 마늘은 저며요.

3 달걀을 풀어 소금으로 간한 다음 달군 팬에 식용유를 두르고 잘 섞어가며 스크램블을 만들어 그릇에 덜어 두세요.

4 달군 팬에 식용유를 두른 다음 대파와 저민 마늘을 넣고 약한 불에서 충분히 볶아 향을 내요.

5 버터를 넣고 녹으면 불을 중간 불로 올린 후 새우를 넣고 볶아요.

6 밥을 넣고 소금 간을 해서 볶다가 부추와 스크램블한 달걀을 섞으며 볶아요.

오징어는 단백질 함량이 높고 타우린 성분이 피로해소에

도움이 되기 때문에 활동량이 많은 아이에게 좋은 식재료예요.

다만 껍질은 소화가 잘 안 되니 벗기고 조리해요.

리소토가 다 되면 피자치즈를 뿌려 뚜껑을 닫고 녹을 때까지

잠깐 놔두었다 주어요.

별미 해물토마토소스리소토

INGREDIENTS

2인분

마늘 2쪽
양파 1/4개(50g)
오징어 1/4마리(30g)
칵테일새우 6마리(60g)
바지락 10개
불린 쌀 1/2컵(120g)
버터 1T
올리브유 2T
화이트와인 2T(생략 가능)
물 2컵
토마토파스타소스 1/2컵

양념
치킨파우더 1/2t
소금·후춧가루 약간
파슬리 가루 약간(생략 가능)

HOW TO MAKE

1 마늘은 얇게 저미고, 양파는 굵게 다지고, 오징어와 칵테일새우는 작게 깍둑 썰고, 바지락은 소금물에 담가 해감해요(해감법은 27쪽을 참고하세요).

2 달군 팬에 버터와 올리브유 1큰술을 넣고 양파, 저민 마늘 반을 넣어 중약 불에서 볶아요.

3 2에 불린 쌀을 넣고 쌀에 기름이 배도록 볶아 주세요. 물 1컵과 치킨파우더를 넣고 저어가며 익히다가 물이 졸아들면 다시 물 1컵을 더 넣어 쌀이 반쯤 익을 때까지 끓여요.

4 3에 토마토소스를 넣고 뒤적인 뒤 뚜껑을 덮고 약한 불로 줄여요.

5 다른 팬에 올리브유 1큰술을 넣고 남은 저민 마늘과 해산물을 넣고 센 불에서 볶다가 화이트와인을 넣고 뚜껑을 닫아 2~3분 정도 익혀요.

6 4에 5를 넣고 저으며 졸여요. 적당히 졸아들면 소금과 후춧가루로 간을 하고 파슬리 가루를 뿌려 마무리해요(생략 가능). 물은 질척한 농도를 유지할 정도로 가감해 주어요.

대부분의 아이가 좋아하는 불고기. 국물을 넉넉하게 두어 밥을 비벼 먹기에 좋아요.

국이나 질척한 걸 싫어하는 아이는 불고기만 양념해서 볶고, 다른 채소를

따로 볶아 비빔밥을 해주면 잘 먹기도 해요. 한꺼번에 많이 만들어 두었다가

소분해서 냉동해 두면 하나씩 꺼내 볶아 주기 편해요.

어른을 위한 조리팁

고추장에 요리당과 다진 마늘, 참기름, 깨소금을 잘 섞어 양념장을 만들어
섞으면 바로 어른들이 먹을 수 있는 비빔밥이 돼요.

114

채소 듬뿍 불고기채소비빔밥

INGREDIENTS

1인분

밥 2/3공기
소고기(불고기용) 50g
표고버섯 1/2개
양파 1/8개(25g)
당근 1/10개(20g)
상추 1장
깻잎 1장
소금 약간
통깨 약간

불고기 양념
간장 2/3T, 양파 간 것 1T
설탕 1t, 다진 파 1/2T
다진 마늘 1t. 참기름 1t
깨소금·후춧가루 약간

HOW TO MAKE

1 소고기는 키친타월로 눌러 핏물을 빼고, 표고버섯은 편으로 썰어 두세요.

2 소고기와 표고버섯에 불고기 양념을 섞은 뒤 20분 정도 재워요.

3 양파, 당근은 채 썰고, 상추와 깻잎은 반으로 갈라 채 썰어요.

4 달군 팬에 식용유를 조금 두르고 양파와 당근을 볶은 다음 덜어 두세요.

5 재운 불고기와 표고버섯을 국물이 자작할 때까지 볶아요.

6 그릇에 밥을 담고 볶은 불고기와 양파, 당근, 상추, 깻잎을 올린 뒤 통깨를 뿌려 먹어요.

시판 미트볼스파게티소스를 사용하면 금세 맛있는 스파게티를 만들 수 있어요.

어른은 스파게티 1인 분량을 마른국수 90g(약 327kcal)으로 잡지만

아이이고 미트볼이 들어가서 55% 수준인 50g으로 잡았어요. 미트볼에 달걀과

생크림, 치즈 등이 들어가서 생각보다 열량이 높거든요. 면을 좋아하는 아이라면

스파게티면의 양을 늘리는 대신 미트볼 분량을 줄여서 열량을 맞춰도 돼요.

• 3과 4과정을 동시에 하면 빨리 요리할 수 있어요. 냄비에 물을 올리고, 프라이팬에 미트볼을 익히다가 뚜껑을 닫으면 냄비에 물이 끓어오를 테니. 그때 냄비에 스파게티를 넣고, 미트볼을 간간히 굴려 주면 돼요.

동글동글 미트볼스파게티

INGREDIENTS

2인분

미트볼 4개
식용유 약간
스파게티면 100g
시판 토마토파스타소스 1컵
소금 1t
버터 1t
파마산치즈·파슬리 가루 약간
(생략 가능)

미트볼 재료
다진 소고기(안심) 120g
빵가루 30g
생크림 1T
달걀 1/2개
소금·후춧가루 약간

HOW TO MAKE

1 볼에 미트볼 재료를 모두 넣고 세게 치댄 다음 4덩어리로 나눠 동그랗게 빚어요.

2 식용유를 약간 두른 팬에 미트볼을 넣고 굴려가며 구워요.

3 미트볼이 반 정도 익으면 토마토파스타소스를 넣고 뚜껑을 닫은 뒤, 중약 불에서 간간히 미트볼을 굴리며 익혀요.

4 크고 깊은 냄비에 물을 넉넉하게 담고 소금 1작은술을 넣고 끓어요. 물이 팔팔 끓어오르면 스파게티면을 넣고 10분 정도 삶은 후 체에 건져요.

5 면이 뜨거울 때 버터를 넣고 버무려요.

6 미트볼이 다 익으면 3에 면을 넣어 섞은 뒤 접시에 담고, 파마산치즈와 파슬리 가루를 취향껏 뿌려 마무리해요. 소스가 너무 걸죽하면 스파게티 면 삶은 물을 가감하여 농도를 맞추세요.

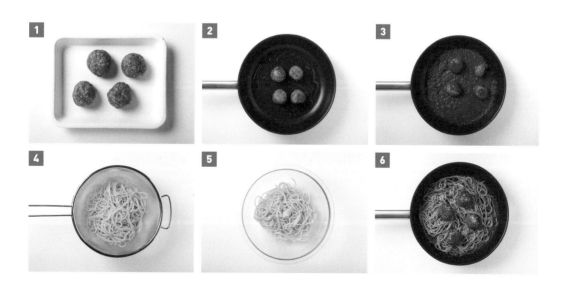

버터와 밀가루로 루를 만들고 생크림을 넣어 만드는 크림소스는 맛이 좋지만
만들기 힘들고 열량이 높아요. 그대신 저지방우유와 생크림으로 간단히 만들 수 있어요.
농도가 진하지 않기 때문에 소스가 잘 묻는 짧은 파스타가 어울려요.

- 우유 대신 달지 않은 두유를, 아스파라거스 대신 브로콜리를 써도 좋아요.

- 닭 안심은 가슴살보다 부드럽고 양이 작아요.
  가슴살로 할 경우에는 1/3조각이면 돼요.

가볍게 즐기는 크림소스파스타

INGREDIENTS

1인분

푸실리 50g
닭 안심 1쪽(30g)
양파 1/8개(25g)
베이컨 1장
아스파라거스 1대
소금 1t, 버터 1t

닭 밑간
올리브유 1/2T
소금·후춧가루 약간

크림소스
다진 마늘 1t
저지방우유 2/3컵
생크림 60g
소금·후춧가루 약간

HOW TO MAKE

1   닭 안심은 한입 크기로 잘라 밑간에 재워요.

2   양파와 베이컨은 다지고, 아스파라거스는 푸실리 길이로 어슷 썰어요.

3   끓는 소금물에 푸실리를 7~8분 정도 삶아 건진 뒤, 그 물에 아스파라거스도 살짝 데쳐요.

4   약한 불로 달군 팬에 버터를 넣고 다진 마늘과 양파, 베이컨을 넣어 볶다가 중간 불로 올린 후 닭 안심과 아스파라거스를 넣고 볶아요.

5   닭 안심이 거의 익으면 우유를 넣고 끓이다 반쯤 졸아들면

6   푸실리와 생크림을 넣고 다시 반 정도 졸아들면 소금, 후춧가루로 간을 맞춰요.

119

사골육수, 바지락육수, 멸치육수. 좋아하는 국물 맛은

달라도 어른, 아이 모두가 좋아하는 메뉴가 칼국수예요.

그중 가장 국물 맛을 내기 쉬운 것이 감칠맛이

금방 우러나는 바지락이에요. 바지락이 없으면 대합,

모시조개, 홍합 등 다른 조개류를 사용해도 돼요.

Lunch
359 kcal

바지락칼국수와 신김치무침을 합쳐 열량을 계산하였습니다.

후루룩 바지락칼국수

INGREDIENTS

1인분

애호박 20g
양파 20g, 당근 20g
대파 4cm
풋고추 1/2개
물 2와 1/2컵
바지락 1/2봉지(100g)
칼국수 2/3봉지(140g)
달걀노른자 1개

양념
조선간장 1t
다진 마늘 1t
소금·후춧가루 약간

HOW TO MAKE

1 애호박, 양파, 당근은 채 썰고, 대파와 풋고추는 어슷하게 썰어요. 칼국수는 겉면의 전분을 충분히 털어 준비하고, 달걀노른자는 얇게 부쳐 채 썰어 두세요.

2 물에 해감한 바지락을 넣고 끓이다 바지락이 입을 벌리면 건져요(해감법은 27쪽을 참고하세요).

3 2에 칼국수, 애호박, 양파, 당근, 풋고추를 넣어 끓이다가 조선간장, 다진 마늘, 건져 둔 바지락을 넣어요. 바글바글 끓으면 대파를 넣고 불을 끈 후 소금과 후춧가루로 간을 맞추고 달걀지단을 올려요.

● **신김치무침 만들기**

재료 김치 1/4포기 **양념** 깨소금 1/2T, 다진 파 1/2T, 다진 마늘 1t, 참기름 1T, 설탕 약간, 고춧가루 약간

1 김치는 속을 털어 낸 후 물에 헹궈 송송 썬 후 꼭 짜요.
2 양념을 모두 넣은 뒤 고루 무쳐요. 김치가 많이 시면 설탕을 조금 더 넣어 주세요.

밥, 국, 반찬으로 차린
저녁 밥상

밥과 국, 반찬을 고루 준비한 한 상 차림이에요.

온 가족이 둘러 앉아 영양 만점 저녁 밥상을 함께 먹어요.

닭조림과
어묵국 정식

어묵이나 햄과 같은 가공식품도 가끔 사용해
손쉽게 음식을 만들어야 엄마도 편하겠죠. 그럴 때는
꼭 끓는 물에 데쳐서 사용하여 첨가물을 없애요.
들깨소스를 만들 때는 껍질이 없는 거피들깨가루를
사용해야 입에 거슬거슬한 느낌이 없어요.

백미밥 194kcal
어묵국 70kcal
닭고기 데리야키조림 195kcal
브로콜리들깨소스무침 66kcal
⋮
총 525kcal

간단 버전 아이용으로 어묵국을 덜어낸 뒤, 청양고추를 송송 썰어 섞어서 칼칼하게 즐겨요.

빨간어묵탕 버전 아이용 어묵국을 덜어내고 어묵을 다 건진 뒤 국물에 고춧가루, 고추장, 청양고추를 넣고 한번 팔팔 끓여 고춧가루의 날냄새가 날아가면 다시 어묵을 넣고 먹어요. 어묵을 건지지 않고 그냥 계속 끓이면 어묵이 풀어져서 탱글탱글한 맛이 사라져요.

Dinner
70 kcal

어묵은 냉동실에 얼려 둘 수 있어서 참 편한 식재료예요.

첨가물을 넣지 않고 만든 어묵을 사면 좋지만

일반 어묵은 끓는 물에 한 번 데쳐 사용해요. 어묵은 국으로도 좋지만

조림장을 넣고 볶으면 아이들이 좋아하는 볶음으로도 쉽게 만들 수 있어요.

먹기 편한 어묵국

HOW TO MAKE

4인분

어묵(탕용) 2/3봉지(150g)
무 2cm 1/2토막(100g)
양파 1/3개(70g)
대파 4cm
멸치다시마육수 4컵

양념
국수장국 1T
참치액 1/2T
다진 마늘 1T
소금·후춧가루 약간

1 무는 나박 썰고, 양파는 굵게 채 썰고, 대파는 어슷 썰고, 어묵은 먹기 좋은 크기로 썰어요.

2 냄비에 멸치다시마육수와 무를 넣고 끓여요.

3 국물이 끓어오르면 어묵과 양파를 넣고 끓이다 국수장국과 참치액, 다진 마늘을 넣고 끓여요.

4 미지막으로 대파를 넣고 불을 끈 후 소금으로 간을 맞추고 후춧가루를 살짝 뿌려 마무리해요.

닭고기는 소고기, 돼지고기, 오리고기보다 칼륨 함량은 적지만

비타민 A를 많이 함유하고 있어요. 가슴살은 지방이 적어 열량이 낮고

맛이 담백해서 다이어트할 때 많이 이용하고, 다리살은 색과 맛이 진하고

씹히는 맛이 좋아서 튀김, 훈제, 조림에 많이 이용해요.

Dinner
195 kcal

• 닭다리살을 사용할 때는 살이 두꺼운 부분에 칼집을 넣어야 잘 익어요.
  닭봉도 살이 많은 부분에 칼집을 넣어주세요.
• 닭다리살을 사용한다면 먼저 초벌로 삶은 뒤 밑간에 재워요.

짭조름한 닭고기데리야키조림

INGREDIENTS

HOW TO MAKE

4인분

닭고기(닭다리살 / 닭봉 가능)
400g, 양파 1/2개(100g)
당근 1/5개(40g)
대파 7cm, 찹쌀 가루 2T

밑간
청주 2T
소금·후춧가루 약간

데리야키소스
간장 4와 1/2T, 설탕 2T
맛술 3T, 올리고당 2T
슬라이스 생강 5편
다시마육수 1컵
후춧가루 약간

1   닭고기는 밑간에 20분 정도 재워요.

2   양파는 4등분하고, 당근은 반달썰기하고, 대파는 어슷 썰어요.

3   재운 닭고기에 찹쌀 가루를 묻힌 후 여분의 가루는 털어 내요.

4   달군 팬에 식용유를 두르고 중약 불에서 닭고기를 앞뒤로 노릇하게 구워요. 마지막에 뚜껑을 닫아 속까지 익혀 접시에 덜어 두세요

5   팬에 데리야키소스 재료를 모두 넣고 바글바글 끓으면 익힌 닭고기과 당근을 넣고 중약 불에서 끓여요.

6   국물이 자작해지면 양파와 대파를 넣고 국물이 없어질 때까지 조려요.

브로콜리는 대표적인 슈퍼푸드 중 하나로 영양가가 풍부해요.

데치는 물에 소금을 넉넉히 넣고 데치면 풀냄새가 나지 않아

채소를 싫어하는 아이도 잘 먹어요.

Dinner
66kcal

고소한 브로콜리들깨소스무침

INGREDIENTS

HOW TO MAKE

4인분

브로콜리 2/3개(200g)
노랑 파프리카 1/4개(30g)
빨강 파프리카 1/4개(30g)
소금 약간

들깨소스
들깻가루 3T
들기름 1T
액젓 2/3T
간장 1t
설탕 1t
식초 2t

1 브로콜리는 먹기 좋게 잘라 손질한 후 끓는 소금물에 넣고 선명한 초록색이 되도록 데쳐요.

2 찬물에 헹군 후 체에 밭쳐 물기를 빼요.

3 파프리카는 한입 크기로 썰어 두세요.

4 볼에 들깨소스 재료를 넣고 섞은 다음 채소와 버무려서 상에 내요.

* 브로콜리의 물기를 살 제거해야 소스가 고루 묻어요.

버섯불고기
콩나물국 정식

콩나물은 콩의 싹을 틔운 것으로
발아 과정에서 비타민 C, 아스파라긴산,
글루탐산 등 아미노산 함량이 증가해요.
콩나물의 뿌리 부분에 많이 들어 있는
아스파라긴산은 숙취 해소에도 효과적이라
아빠를 위한 해장국으로도 손색이 없답니다.

백미밥 194kcal
바지락콩나물국 46kcal
버섯불고기 177kcal
애호박전 67kcal
⋮
총 412kcal

어른을 위한 조리팁 ～～～～～～～～～～～～

잘 익은 김치를 반 컵 정도 송송 썰어 넣고 여기에 김칫국물을 한 국자 넣어 같이 끓여 주면
얼큰하면서도 시원한 국물을 맛볼 수 있어요.

콩나물국을 끓일 때 뚜껑을 열어 두면 콩나물의 불포화지방산이

산소와 접촉하면서 일부 산화하여 비린내가 나요.

소금이나 다진 마늘을 넣으면 비린내를 좀 더 잡아줄 수 있어요.

시원한 바지락콩나물국

HOW TO MAKE

4인분

바지락 1봉지(200g)
콩나물 2/3봉지(200g)
홍고추 1개
대파 7cm
멸치다시마육수 4컵

양념
다진 마늘 1T
조선간장 1/2T
소금 약간

1   바지락은 소금물에 해감한 뒤 깨끗한 물에 헹궈 건져 두세요(해감 법은 27쪽을 참고하세요).

2   콩나물은 깨끗이 씻어 다듬고, 대파와 홍고추는 어슷 썰어요.

3   냄비에 바지락과 콩나물, 멸치다시마육수를 넣은 뒤 뚜껑을 덮고 5분 정도 끓여요.

4   뚜껑을 열고 다진 마늘, 고추, 대파를 넣고 조금 더 끓인 뒤 조선간 장을 넣고 소금으로 간을 맞춰요.

Dinner
177 kcal

고기의 잡냄새는 대부분 핏물에서 나와요. 냄새에 민감한 아이라면 핏물을

꼼꼼하게 제거해 주세요. 버섯은 흙만 마른 행주로 털어내고 물로 씻지 않는 편이

더 신선해요. 버섯을 안 먹는 아이라면 한번에 여러 가지 버섯을 주지 말고

한 가지씩 시도를 해 보는 게 좋아요.

국물이 자작한 버섯불고기

INGREDIENTS

4인분

소고기(불고기용) 260g
버섯(느타리, 팽이, 표고, 새송이 등
합쳐서) 200g
대파 4cm, 양파 1/2개(100g)
피망 1/2개(50g)
당근 1/7개(30g)
소금 약간
다시마육수 1/2컵

불고기 양념

간장 6T, 설탕 1T
올리고당 1T, 맛술 1T
다진 마늘 1과 1/2T
다진 파 2T
참기름 1/2T
소금·후춧가루 약간

HOW TO MAKE

1. 소고기는 키친타월로 눌러 핏물을 뺀 다음 불고기 양념을 넣고 섞어 20분 정도 재워 두세요.

2. 느타리버섯은 가닥가닥 떼고, 팽이버섯은 밑동을 제거한 후 가닥가닥 뜯고, 표고버섯과 새송이버섯은 먹기 좋게 편으로 썰어요.

3. 대파는 어슷 썰고, 양파와 피망, 당근은 두툼하게 채 썰어요.

4. 달군 팬에 식용유를 두르고 중약 불에서 대파를 볶아 향을 낸 다음 센 불로 올려 버섯을 넣고 소금을 실쩍 뿌려 볶은 후 덜어 두세요.

5. 팬에 재운 불고기를 넣고 센 불에서 볶다가 반쯤 익으면 육수를 부어 바글바글 끓여요.

6. 양파와 피망, 당근을 넣어 익으면 마지막에 버섯을 넣고 끓여 완성해요.

늦봄부터 제철을 맞는 애호박은 한여름 뙤약볕에도 쑥쑥 자라

밥상을 책임져 주는 채소예요. 비타민 A와 C가 풍부하고 질감이 부드러우면서도 단맛이 돌아

전으로도, 볶음으로도 잘 어울려요. 한창 단맛이 올랐을 때의 제철 애호박을 도톰하게 잘라

뜸 들이는 밥 위에 얹어 살캉살캉하게 찐 후 양념장을 찍어 먹어도 별미예요.

곁들이기 좋은 애호박전

INGREDIENTS

4인분

애호박 2/3개(200g)
밀가루 3T
달걀 1개
소금 약간

HOW TO MAKE

1 애호박은 도톰하게 썬 뒤 소금을 고루 뿌려 10분 정도 두세요. 그런 다음 키친타월로 가볍게 물기를 닦아 주세요.

2 볼에 달걀을 푼 다음 소금을 약간 넣어 잘 섞어요.

3 1에 밀가루를 묻혀 털어낸 뒤 달걀 물을 고루 묻혀요.

4 달군 팬에 식용유를 두르고 앞뒤로 노릇하게 부쳐요.

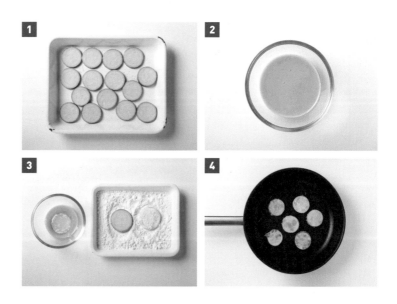

수수밥
삼치양념구이 정식

김달걀국은 꼭 신선한 김으로 끓여야
김 비린내가 나지 않아요.
김은 축축한 느낌이 나거나 붉은 기가
돌면 신선도가 떨어진 거예요.
양념에 재운 생선이 타는 것이 싫다면
삼치는 따로 굽고 양념장은 한번 바르르 끓여
먹기 직전에 발라서 먹어도 돼요.

수수밥 232kcal
김달걀국 55kcal
삼치양념구이 129kcal
사과소스샐러드 81kcal
⋮
총 497kcal

• 수수밥 레시피는 30쪽에 있습니다.
• 삼치구이 1인분은 삼치 80g 섭취를 기준으로 열량을 계산하였습니다.

김국이 다소 낯설다고요? 우리나라 아이들은 어려서부터
김을 자주 먹기 때문에 익숙한 맛 덕분에 의외로 좋아한답니다.
게다가 끓이기도 쉬우니 바쁠 때 뚝딱 만들어 주세요.

Dinner
55kcal

부드러운 김달걀국

INGREDIENTS

4인분

김 2장
멸치다시마육수 3컵
달걀 1개
대파 4cm

양념
조선간장 1/2T
다진 마늘 1t
생강즙 1t
참기름 약간
소금 약간

HOW TO MAKE

1 마른 팬을 달궈 김을 앞뒤로 바싹하게 구운 뒤에 비닐에 넣어 부셔요.

2 달걀은 풀어 소금 간을 하고, 대파는 어슷 썰어 두세요.

3 냄비에 육수를 붓고 팔팔 끓어오르면 조선간장과 다진 마늘, 생강즙을 넣고 끓여요.

4 3에 김과 대파, 달걀을 흘러 넣고 부르르 끓으면 소금으로 간을 맞춘 뒤 불을 꺼요. 마무리로 참기름을 약간 넣어요.

삼치는 고등어, 꽁치와 함께 대표적인 등푸른생선이지만

살이 많고 맛이 담백해서 불고기양념을 해서

조림을 해도 잘 어울려요. 조림용 삼치는 생물을 사거나

자반을 쌀뜨물에 담가 짠맛을 제거하고 요리해요.

Dinner

129kcal

입맛 돋는 삼치양념구이

~~~~~~

4인분

삼치 1마리(400g)
식용유 약간

양념
간장 2T
다시마육수 1/2컵
고춧가루 1/2T
다진 마늘 1/2T
다진 파 1/2T
물엿 1/2T
설탕 1/2T
참기름 1t
깨소금 1T
다진 생강 약간
후춧가루 약간

HOW TO MAKE

1 토막 낸 삼치를 연한 소금물에 씻어 체에 건져 두세요.

2 양념을 모두 섞은 다음 물기를 뺀 삼치에 고루 발라 20분 정도 재워 두세요.

3 달군 팬에 식용유를 두른 후 삼치를 넣고 중약 불로 구워요. 한 번 뒤집어 구운 뒤 약한 불로 속까지 익혀요.

* 시판 데리야끼 소스도 삼치와 잘 어울려요. 시판 소스가 주르륵 흘러 내리는 묽은 타입이라면 재워놓았다가 구우면 되고, 다소 농도가 되직하면 물을 섞어 재워놓던지, 발라가며 구워요.

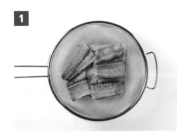

샐러드는 로마시대부터 먹기 시작했을 만큼 그 역사가 오래되었어요.

생채소에 소금과 식초를 뿌려 먹은 것이 그 시초라고 하지요.

아이들이 생채소를 즐겨 먹진 않지만 좋아하는 소스를 뿌려 주어

몸에 좋은 샐러드를 먹을 수 있도록 도와주는 것도 엄마의 할 일이에요.

Dinner

81kcal

상큼한 사과소스샐러드

INGREDIENTS

4인분

양배추 5장(100g)
양파 1/4개(50g)
사과 1/4개(50g)
당근 1/8개(25g)

소스
사과 1/4개
레몬즙 2T
올리브유 2T
설탕 2t
소금 약간

HOW TO MAKE

1 소스 재료를 모두 믹서에 간 후 냉장고에 넣고 차게 준비해 두세요.

2 양배추, 양파, 사과, 당근은 곱게 채 썰어요.

3 양파는 찬물에 5분 정도 담가 매운 기를 뺀 후 체에 밭쳐 물기를 제거해요.

4 채소와 사과를 섞은 뒤 소스를 뿌려 먹어요.

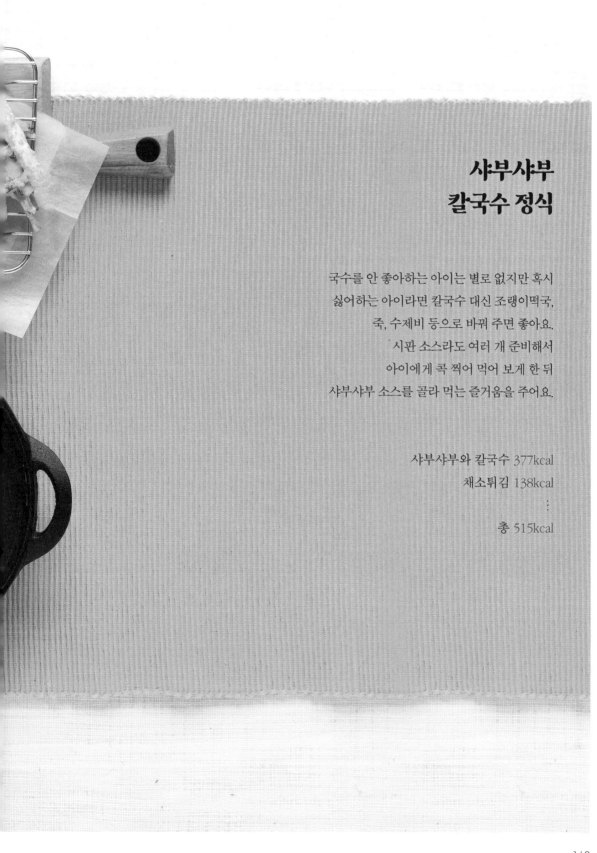

샤부샤부
칼국수 정식

국수를 안 좋아하는 아이는 별로 없지만 혹시
싫어하는 아이라면 칼국수 대신 조랭이떡국,
죽, 수제비 등으로 바꿔 주면 좋아요.
시판 소스라도 여러 개 준비해서
아이에게 콕 찍어 먹어 보게 한 뒤
샤부샤부 소스를 골라 먹는 즐거움을 주어요.

샤부샤부와 칼국수 377kcal
채소튀김 138kcal
⋮
총 515kcal

아이들이 소스를 좋아한다면 고소한 깨소스를 따로 만들어 곁들여 보세요.

깨소금 5T, 다시마육수 5T, 땅콩버터 2T, 맛술 1T, 식초 1T, 레몬즙 1T,

마요네즈 1T, 간장 1t를 한데 잘 섞어 만들면 된답니다.

Dinner
377 kcal

어른을 위한 조리팁

어른을 위한 겨자소스 만드는 법이에요.

간장 2, 식초 1, 다진 마늘 1작은술, 다진 파 1작은술, 겨자 취향껏, 설탕 약간을 섞으면 어른을 위한

겨자소스가 됩니다. 겨자 대신 설렁탕에서 알려드리는 다대기를 1작은술 넣어도 좋아요(234쪽).

먹는 재미가 있는 샤부샤부와 칼국수

INGREDIENTS

4인분

소고기(샤부샤부용) 240g
물만두 8개, 배춧잎 8장, 청경채 2개
새송이 1개, 느타리 한 줌
대파 7cm, 숙주 두 줌(100g)
쑥갓(혹은 치커리) 한 줌
두부 작은 팩 1/4모(50g)

육수
다시마육수 10컵
국수장국 2T, 맛술 2T
슬라이스 레몬 1/4조각(생략 가능)

간장소스
다시마육수 2T, 간장 2T, 식초 2T
레몬즙 1T, 청주 1/2T, 설탕 1t

칼국수
생 칼국수 2/3봉지(140g)
다진 마늘 1T

HOW TO MAKE

1 육수 재료를 모두 섞어 간을 맞춘 뒤 2컵 분량만 빼고 모두 냄비에 담아요.

2 간장소스는 재료를 모두 섞어 만들어 두세요.

3 준비한 채소와 고기는 먹기 좋은 크기로 썬 뒤 접시에 가지런히 담아요.

4 육수를 팔팔 끓인 뒤 약한 불로 줄이고 갖은 채소와 소고기를 담가 익힌 후 간장소스에 찍어 먹어요.

5 재료를 다 먹으면 아까 따라 둔 육수 2컵을 넣고 다진 마늘을 넣어 끓여요.

6 육수가 팔팔 끓으면 칼국수 면의 전분을 털어 넣고 끓여요.

아이들이 잘 안 먹는 채소도 섞어서
튀겨 주면 맛있게 잘 먹는답니다. 고구마 대신
감자, 깻잎 대신 쑥갓이나 미나리를
넣어도 되고, 단호박을 튀겨도 맛있어요.

곁들이기 좋은 채소튀김

INGREDIENTS

4인분

고구마 1개(150g)
양파 1/4개(50g)
깻잎 4장
당근 1/5개(40g)
식용유

튀김옷
튀김 가루 1컵
차가운 물 1컵
달걀 1개
소금·후춧가루 약간

HOW TO MAKE

1 고구마, 양파, 깻잎은 채 썰고, 당근은 익는데 시간이 걸리니 얇게 채 썰어요.

2 튀김옷 재료를 가볍게 섞은 뒤에 채소를 모두 넣어 가볍게 섞어요.

3 냄비에 식용유를 넣고 반죽을 떨어트려 바로 올라올 정도의 온도 (170도)가 되면 채소 반죽을 젓가락이나 집게로 집어 살며시 튀김 기름에 넣어요.

4 앞뒤로 뒤집으며 노릇해질 때까지 튀기다가 건져서 기름을 빼요.

양배추
베이컨쌈밥 정식

새로운 채소를 요리해서 주기 전에
생야채를 좋아하는 소스에 찍어 먹는
시간을 갖게 해보세요. 양배추는 쌈장이나
마요네즈가 혹은 간장과 잘 어울려요.
베이컨이 밥과 감자채볶음
둘 다에 들어가니 너무 많은 양을
섭취하지 않도록 양을 조절해요.

양배추베이컨쌈밥 330kcal
소고기강된장 69kcal
감자베이컨볶음 84kcal
⋮
총 483kcal

• 소고기강된장은 1T 섭취를 기준으로 열량을 계산하였습니다.

달콤한 양배추쌈의 맛에 익숙해지게 하려고 처음에는 밥을
찐 양배추로 싼 뒤 그 위를 베이컨으로 감싸 주었답니다.
이후 양배추 속에 베이컨을 넣고 싸 주다가 나중에는 쌈장을
곁들여 싸 주었지요. 지금은 양배추쌈 맛에 익숙해져서
베이컨이 없이도 잘 먹는 메뉴가 되었어요.

돌돌 만 양배추베이컨쌈밥

~~~~~~~~~~~~~~~~~~~~~~

INGREDIENTS

HOW TO MAKE

4인분

밥 2공기
베이컨 8장
양배추 4장(80g)

밥 양념
깨소금 1T
참기름·소금 약간

1 따뜻한 밥에 밥 양념을 넣고 섞은 뒤 밥을 길죽둥글하게 빚어요. 베이컨이 들어가므로 참기름과 소금은 약간씩만 넣어요.

2 찜통에 물이 끓으면 양배추를 넣고 5분 정도 찐 뒤 찬물에 헹궈 체에 밭쳐 물기를 빼요.

3 베이컨은 기름을 두르지 않은 팬에 앞뒤로 노릇하게 구워 반으로 잘라요.

4 접시에 양배추를 펼친 후 그 위에 베이컨을 올리고 빚은 밥을 올린 뒤 돌돌 말아 완성해요.

* 베이컨을 겉에 말아 만들 수도 있어요.

우리가 어릴 땐 다양한 소스가 없어서 그랬는지

된장을 참 많이 먹었던 것 같아요. 간장, 된장을 이용하면 소금보다

나트륨의 함량이 훨씬 줄어드니 몸에 좋은 방식이지요.

아이용 쌈장이므로 고기와 견과류를 넉넉히 넣어 고소한 맛을 내요.

밥도둑 소고기강된장

INGREDIENTS

다진 소고기 100g
양파 1/2개(100g)
대파 7cm
양송이 1개
다진 견과류(호두, 아몬드,
땅콩 등) 2T
참기름 1T
다진 마늘 1t
된장 2와 1/2T
고추장 1t
매실청 2T
설탕 1t
통깨 1/2T

HOW TO MAKE

1 다진 소고기는 키친타월로 눌러 핏물을 제거해요.

2 양파, 대파, 양송이는 잘게 다지고, 견과류는 좀 더 잘게 다져요.

3 냄비에 참기름을 두르고 소고기, 다진 마늘, 다진 파를 넣고 중약
불에서 달달 볶아요.

4 어느 정도 익으면 통깨를 뺀 다른 재료를 모두 넣고 약한 불에서
은근히 저으며 섞어요. 5분 정도 자글자글 끓이다가 통깨를 뿌리
고 불을 꺼요.

쌈밥에 강된장까지 있으면 어른들은 그걸로 다른 반찬이 필요 없지만,

혹시나 아이들이 '이거 안 먹어!' 하면 난감해지지요.

그래서 아이가 좋아할 만한 반찬 하나는 따로 만들어 놓는데,

그중 하나가 감자볶음이에요. 베이컨을 많이 넣으면

열량이 올라갈 수 있으므로 적당량만 넣어요.

뚝딱 만드는 감자베이컨볶음

INGREDIENTS

4인분

감자 1과 1/2개(230g)
베이컨 3장(45g)
양파 1/2개(100g)
식용유 약간

양념
다진 마늘 1t
소금·후춧가루 약간

HOW TO MAKE

1 감자는 껍질을 벗겨 굵게 채 썬 후 찬물에 10분 정도 담가 체에 밭쳐 물기를 빼요.

2 베이컨과 양파도 굵게 채 썰어요.

3 달군 팬에 식용유를 두르고 베이컨과 다진 마늘을 넣고 볶아요.

4 3에 감자와 양파를 넣고 볶다가 소금으로 간하고 후춧가루를 뿌려 마무리해요.

샐러드를 곁들인
돈가스 정식

에어프라이어나 미니오븐을 이용하여
돈가스를 익힐 때는 기름이 어느 정도 있어야
바삭바삭하고 고소한 맛이 나요.
샐러드 소스는 미리 만들어 놓았다
냉장고에 차게 해서 먹어야 더 맛있어요.

백미밥 141kcal
팽이미소국 43kcal
돈가스 214kcal
양배추사과샐러드 60kcal
⋮
총 458kcal

• 돈가스 정식에 곁들이는 백미밥은 1/2공기로 열량을 계산하였습니다.

미소국은 일본 된장으로 끓인 된장국이에요. 우리 된장은
100% 콩으로 만들어서 영양가가 높고 오래 끓여도 괜찮지만,
일본 된장은 밀의 함량이 높아 오래 끓이면 맛이 떨어져요.
그러니 끓는 물에 살짝 풀어 주는 정도로 조리하는 게 좋아요.

Dinner
43 kcal

가벼운 팽이미소국

INGREDIENTS

4인분

가다랑어포육수 4컵
불린 미역 1/2컵
두부 1/3모(100g)
일본 된장 3T
팽이버섯 2줌(40g)
대파 7cm

육수 재료

물 4컵
가다랑어포 1컵
청주 1/2T

HOW TO MAKE

1 냄비에 물 4컵을 넣고 팔팔 끓인 후 가다랑어포와 청주를 넣고 불을 끄고 2~3분 후에 건져 내요.

2 불린 미역과 두부, 팽이버섯은 사방 1cm 크기로 자르고, 대파는 얇게 송송 썰어 두세요.

3 육수를 다시 끓인 후 미역과 두부를 넣고 익으면 약한 불로 줄인 다음 일본 된장을 풀어요.

4 팽이버섯과 대파를 넣고 불을 꺼요.

어른을 위한 조리팁

아이를 부쳐 주고 난 반죽에 청양고추나 달래 등을 다져 넣어두 좋고, 매콤한 양념간장을 만들어 찍어드셔도 좋아요. 진간장에 다진 청양고추, 고춧가루, 양파, 설탕 약간을 넣어 잘 섞어주고 마지막으로 식초를 조금 넣어주면 기름진 전과 잘 맞아요.

Dinner
214 kcal

시판 빵가루를 쓸 때는 분무기로 물을 살짝 뿌려 촉촉하게 만들어야 빨리 타지 않아요.

튀김은 두 번 튀겨야 맛있는 거 아시죠? 처음엔 재료가 살짝 익을 정도로 튀겨서

2~3분 정도 건져 두면 그동안 속이 충분히 익어요. 두 번째 튀길 때는 튀김옷의 기름기가

오히려 싹 빠져 나가고 필요한 기름만 남아 더욱 바삭한 튀김을 만들 수 있어요.

바삭바삭 돈가스

INGREDIENTS

4인분

돼지고기 등심(돈가스용) 4장
식빵 4장(또는 빵가루 100g)
밀가루 1/2컵
달걀 2개
식용유

밑간
양파 1/2개(100g)
다진 마늘 1/2T
청주 1T
카레 가루 1t
소금 1t
물 1T
후춧가루 약간

HOW TO MAKE

1 돼지고기는 돈가스용으로 눌러진 것을 산 후 키친타월로 눌러 핏물을 제거해요.

2 믹서에 고기 밑간을 넣고 간 후 돼지고기에 고루 묻혀 1시간 이상 재워요.

3 모서리를 잘라 낸 식빵을 믹서나 강판에 갈아 빵가루를 만들고, 달걀은 깨서 잘 저어요.

4 재운 돼지고기에 밀가루, 달걀, 빵가루 순서로 튀김옷을 묻혀요.

5 냄비에 식용유를 넣고 빵가루를 떨어트려 바로 올라올 정도의 온도(170도)가 되면 고기를 넣고 연한 노란색이 되도록 튀겨 건져 두세요.

6 약 2~3분 정도 후에 연한 갈색이 될 때까지 한 번 더 튀겨요.

생채소가 들어간 샐러드를 안 먹는 아이들이 많은데,

찬물에 담가 아삭한 양배추와 아이들이 좋아하는 사과를

섞은 뒤 참깨소스를 뿌리면 고소해서 잘 먹어요.

참깨는 될 수 있으면 곱게 갈아야 입안에 남지 않고 부드러워요.

Dinner

60 kcal

새콤달콤 양배추사과샐러드

INGREDIENTS

4인분

사과 1/5개(60g)
당근 1/7개(30g)
양배추 5장(100g)

소스
참깨 1과 1/2T
마요네즈 2와 1/2T
간장 2t
설탕 1T
레몬즙 2T
식초 1/2T
소금 약간

HOW TO MAKE

1 사과와 당근은 채 썰고, 양배추도 가운데 심을 잘라 버리고 최대한 곱게 채 썰어요. 썬 양배추는 얼음물에 담가 두세요.

2 참깨는 깨갈이에 곱게 간 뒤 남은 소스 재료를 넣고 설탕이 녹을 때까지 모두 섞어 냉장고에 차게 보관해요.

3 양배추를 체에 밭쳐 물기를 제거해요.

4 채소 위에 소스를 고루 뿌려 먹이요.

가자미구이 정식

가자미는 담백한 대표적인 흰살생선이에요.
기름기가 적어 껍질이 팬에 눌어붙을 수 있는데
이를 방지하려면 미리 기름을 바르면 돼요.
오이지무침을 아이가 안 먹는다면 길쭉하게
스틱 형태로 잘라 물에 담가서 짠 기를
뺀 뒤 시도해 보세요. 아이가 먹기 시작하면
그때부터 차츰 양념을 추가해도 돼요.

팥밥 212kcal
애호박명란찌개 80kcal
가자미구이 100kcal
오이지무침 34kcal
⋮
총 426kcal

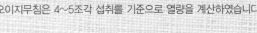

• 팥밥 레시피는 29쪽에 있습니다.
• 오이지무침은 4~5조각 섭취를 기준으로 열량을 계산하였습니다.

Dinner
80 kcal

젓국찌개는 글자 그대로 새우젓으로 간을 하는 국물 많은 찌개예요.

쌀뜨물을 사용하면 구수한 맛을 한결 잘 살릴 수 있어요.

명란에 따라 간이 달라지니 적당량의 새우젓으로 간을 조절해요.

어른을 위한 조리팁

새우젓으로 간을 한 젓국은 참기름을 한 방울 떨어트리는 경우가 많은데 참기름의 향을 살리면서
도 매콤하게 먹고 싶을 때는 청양고추보다는 고운 고춧가루를 추가하는 게 좋아요. 대신 고춧가
루를 넣었으면 한번 파르르 끓여서 먹어야 풋내가 나지 않아요.

톡톡 터지는 애호박명란찌개

INGREDIENTS

4인분

애호박 1/3개(100g)
두부 1/4모(75g)
명란 2쪽
대파 7cm
쌀뜨물 4컵
다시마(10×10cm) 1장

양념
새우젓 국물 1/2T
다진 마늘 1t
참기름 약간

HOW TO MAKE

1 애호박과 두부는 큰 주사위 모양으로 썰고, 명란은 도톰하게 썰고, 대파는 어슷 썰어요.

2 냄비에 쌀뜨물과 다시마를 넣고 끓어오르면 다시마를 건져 내고 새우젓 국물과 다진 마늘을 넣고 끓여요.

3 중약 불에서 애호박, 두부, 명란을 넣고 끓여요.

4 명란의 겉이 익으면 중간 불로 올려 끓이다가 대파와 참기름 한 방울을 넣고 불을 꺼요.

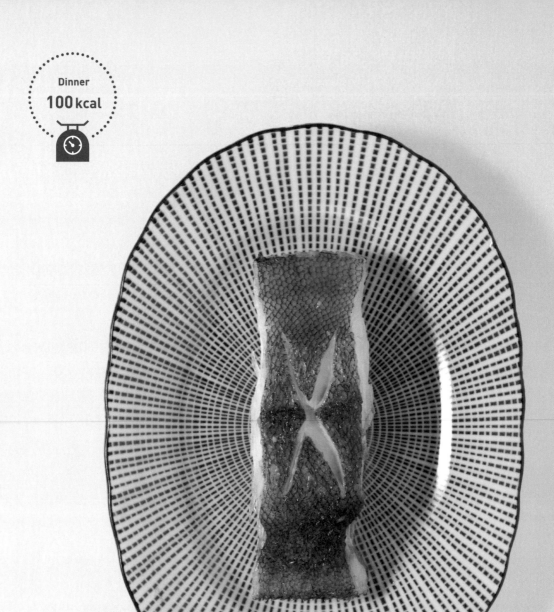

가자미는 고등어, 꽁치, 갈치보다 지방이 적고 담백해서 외국에서는 버터를 끼얹어 굽는

뫼니에르라는 요리법으로 많이 먹는 생선이에요. 살이 부드러워 찢어지기 쉬우니

굽기 어려울 때는 밀가루나 튀김 가루를 살짝 덧발라 구워요. 가자미는 큰 것이 맛이 좋아요.

담백한 가자미구이

HOW TO MAKE

4인분

가자미 1마리(300g)
굵은소금 1t
식용유 약간

소스
간장 1T
설탕 1t
식초 1t
깨소금 1/2t

1 가자미는 비늘을 긁고 지느러미를 잘라 손질한 뒤 앞뒤로 칼집을 내요.

2 굵은소금을 고루 뿌려 15분 정도 절여요.

3 중간 불로 달군 팬에 식용유를 두른 뒤 앞뒤로 노릇하게 구워요.

4 소스는 따로 잘 섞은 뒤 곁들여 찍어 먹어요.

예전에는 오이 표면에 가시가 많고 울퉁불퉁해서 사이사이 흙이나 이물질이 많이 있었기에

굵은 소금으로 문질러가면서 씻었어요. 하지만 요즘은 대부분 비닐하우스에서 자라서

표면이 매끄럽고 깨끗한 편이에요. 그런 오이는 세게 문지르지 않고 가볍게 씻어도 괜찮아요.

오이지를 만들어 놓은 뒤에 보면 가끔 하얀 막이 생기는 것을 볼 수 있어요.

이는 골마지라고 하는 곰팡이의 일종인데, 몸에는 해가 되지 않으니 씻어서 먹으면 돼요.

아삭한 오이지무침

~~~~~~~~~~~~~~~~~~~~~

INGREDIENTS

HOW TO MAKE

4인분

오이지 2개(200g)

양념
고춧가루 1t, 다진 마늘 1t
다진 파 1T
매실청 2t
참기름 1t
통깨 1t

1 오이지를 먹기 좋은 크기로 송송 썰어요.

2 찬물에 10분 정도 담가 짠 기를 빼요.

3 물기를 꼭 짠 후 양념을 넣고 조물조물 무쳐요.

● **오이지 만들기** ~~~~~~~~~~~~~~~~~~~~~

재료 오이 10개, 굵은소금(오이 세척용) + 굵은소금 1컵, 물 1리터 + 물 1컵

1 오이는 굵은소금으로 문질러 깨끗이 씻은 후 체에 밭쳐 물기를 빼요.

2 냄비에 물 1리터를 넣고 끓인 후 오이를 30초 정도 담갔다 빼어 내열용기에 차곡차곡 담아요.

3 오이를 데친 물에 물 1컵을 추가한 후 굵은소금 1컵을 넣고 팔팔 끓여요.

4 오이에 끓인 소금물을 붓고 돌이나 무거운 누름판으로 눌러 하루 동안 둔 뒤 오이에 물이 생겨 잠기면

5 물을 따라 팔팔 끓인 후 식혀서 다시 붓고 누름판으로 눌러 서늘한 곳에 하루 둔 뒤 냉장고에 보관해요.

카레 가루
고등어구이 정식

기름을 최소한으로 쓰고 싶다면 고등어에
카레 가루를 묻히지 말고 그냥 굽고, 마지막에
레몬즙을 약간 뿌리면 비린내가 없어져요.
고등어나 꽁치, 연어, 같은 기름기가 많은 생선은
에어프라이어를 이용해서 굽기 좋아요

백미밥 194kcal

항정살우엉된장국 117kcal

카레 가루 고등어구이 112kcal

콩나물무침 44kcal

⋮

총 467kcal

우엉은 주로 조림으로 먹지만 국에 넣으면

아삭아삭한 식감 덕분에 아이도 즐겨 먹어요.

진한 돼지육수나 일본 된장을 푼 국물과 잘 어울려요.

Dinner
117 kcal

아삭아삭 항정살우엉된장국

INGREDIENTS

4인분

우엉 1/4대(50g)
항정살 100g
팽이버섯 1줌(20g)
쪽파 4대
식초 약간,
청주 1T

국물 재료
물 4컵
가다랑어포 1컵
일본 된장 2T
국수장국 1t

HOW TO MAKE

1 우엉은 껍질을 벗기고 어슷 썬 뒤 굵게 채 썰어 식초를 푼 물에 담가 놓고, 항정살은 반으로 잘라요. 팽이버섯은 밑동을 제거한 후 결대로 뜯어 3등분하고 쪽파는 송송 썰어요.

2 냄비에 물 4컵을 넣고 팔팔 끓으면 가다랑어포를 넣고 불을 끈 뒤 2~3분 후에 건져 내요.

3 냄비에 우엉과 항정살을 넣고 볶아 우엉에 기름이 돌면 청주와 가다랑어포육수를 붓고 일본 된장과 국수장국을 넣고 한소끔 끓여요.

4 팽이버섯을 넣은 다음 불을 끄고, 먹기 직전에 쪽파를 얹어 마무리해요.

＊ 가다랑어포 대신 혼다시 1작은술을 넣어도 되고, 연한 멸치다시마육수를 사용해도 돼요.

비린내에 민감한 아이에게는 그냥 굽는 것보다
밀가루 옷을 입혀 기름을 넉넉히 둘러 구워 주세요.
카레 가루를 섞으면 색다른 맛의 고등어구이가 돼요.

Dinner
112 kcal

향이 좋은 카레 가루 고등어구이

~~~~~~~~~~~~~~~~~~~~~~~

INGREDIENTS

~~~~~~~~~~~~~~~~~~~~~~~

4인분

자반고등어 1마리(200g)
청주 1T
식용유 약간

겉 가루
밀가루 2T
카레 가루 1t

~~~~~~~~~~~~~~~~~~~~~~~

HOW TO MAKE

~~~~~~~~~~~~~~~~~~~~~~~

1 손질한 자반고등어에 청주를 뿌리고 잠시 두어 잡내를 제거해요.

2 밀가루에 카레 가루를 섞어 고등어에 골고루 묻힌 다음 가루가 배일 때까지 잠시 두세요.

3 달군 팬에 식용유를 두르고 앞뒤로 노릇하게 구워요.

* 뜨거울 때 레몬즙을 약간 뿌리면 풍미가 더 좋아져요.

아이에게 주려고 다진 마늘을 콩나물 삶는 물에 넣었죠. 하지만 어른이 먹는다면 콩나물에 다진
마늘도 듬뿍 더 넣고 고춧가루도 약간 넣고 파도 더 많이 썰어 넣어서 팍팍 무쳐 먹어야 제맛이죠.

Dinner
44 kcal

숙주나물도 콩나물과 같은 방식으로 데쳐 무치면 돼요.

단 숙주를 데칠 때는 다진 마늘을 넣치 않아도 되고,

뚜껑을 닫지 않아도 돼요.

만들기 편한 콩나물무침

INGREDIENTS

4인분

콩나물 2/3봉지(200g)

양념
다진 마늘 1/2T
다진 파 1/2T
조선간장 1/2t
참기름 1/2T
소금·깨소금 약간

HOW TO MAKE

1 냄비에 물 3~4컵과 다진 마늘, 소금을 넣고 물이 끓어오르면 콩나물을 넣어요.

2 뚜껑을 닫고 5분 정도 끓인 다음 불을 끄고 1~2분 정도 두어 잔열로 익혀요.

3 체에 밭쳐 물기를 뺀 후 다진 파와 조선간장, 참기름, 소금을 넣고 버무리고 마지막에 깨소금을 뿌려요.

＊ 통깨를 그대로 넣으면 보기에는 좋지만 소화가 거의 되지 않아요. 그러니 음식에 넣기 직전에 손바닥에 놓고 비벼 빻아 넣으세요. 그래야 향도 좋고 영양 흡수도 좋아져요.

톳밥
시금치된장국 정식

톳은 칼슘, 칼륨, 철분이 많아 성장기 어린이에게
매우 좋은 재료에요. 만약 생톳을 사용해서
톳밥을 짓는다면 톳에 들어있는 무기비소를
없애기 위해 한번 데쳐서 사용해요.
약간의 소금과 참기름을 넣어 밥을 지으면 한결
먹기가 좋아요. 아이가 무생채를 잘 먹는다면
밥과 비벼 비빔밥을 시도해 보세요.

톳밥 198kcal
시금치된장국 26kcal
훈제오리브로콜리볶음 150kcal
무생채 38kcal
⋮
총 412kcal

• 톳밥 레시피는 31쪽에 있습니다.
• 훈제오리의 적당한 섭취량은 4~5조각(40g)입니다.

'시금치' 하면 포항초와 섬초가 유명하지요. 둘 다 맛이 진하며 달고

뿌리까지 맛있어요. 바닷가의 해풍을 맞으며 자라서 위로 길게 자라는 대신

옆으로 펴져 잎이 짧은 게 특징이지요. 그 외에 봄부터 여름까지 나는 시금치는

길이가 길고 연한 잎이 특징이에요. 시금치에 들어 있는 수산은 칼슘과 만나 결석을

만들 수 있어요. 하지만 뜨거운 물에 잘 녹아 나오니, 꼭 데쳐서 조리하세요.

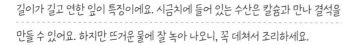

Dinner
26 kcal

어른을 위한 조리팁

맑게 끓인 된장국에 청양고추를 잘게 썰어 먹기 직전에 넣고 한번 가볍게 끓이면 칼칼하고 시원
한 맛을 낼 수 있어요. 간을 세게 한다고 마늘을 더 넣고 오래 끓이면 된장 특유의 구수한 맛이
사라지니 주의하세요.

구수한 시금치된장국

HOW TO MAKE

4인분

시금치 1/2단(150g)
양파 1/2개(100g)
대파 7cm
멸치다시마육수 4컵
소금 약간

국 양념
된장 2T
다진 마늘 1t
조선간장 1t

1 끓는 물에 소금을 넣고 시금치를 뿌리부터 넣어 한 번 뒤적인 후 바로 건져 찬물에 헹궈 물기를 꼭 짜요.

2 데친 시금치는 3등분하고, 양파는 채 썰고, 대파는 어슷 썰어요.

3 멸치다시마육수에 된장을 풀고 다진 마늘, 시금치, 양파를 넣고 팔팔 끓인 후 대파와 조선간장을 넣고 불을 꺼요. 마지막으로 소금으로 산을 맞춰요.

* 파의 초록색 부분은 진액이 나오므로, 국을 끓일 때는 흰 부분만 사용하는 게 좋아요.

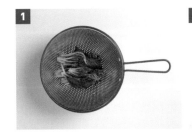  

고단백질 건강식품으로 잘 알려진 오리고기에는 몸에 좋은 필수지방산인 불포화지방산이

소고기, 돼지고기보다 훨씬 많아요. 하지만 하루 지방 섭취는 불포화지방과 포화지방을

모두 포함하여 30% 이내로 제한하고 있으니 너무 많이 먹는 것은 주의하는 것이 좋아요.

쫄깃한 훈제오리브로콜리볶음

INGREDIENTS

4인분

훈제오리 160g
브로콜리 1/3개(100g)
양파 1/2개(100g)
마늘 3쪽
소금 약간

양념
간장 1t
통깨·후춧가루 약간

HOW TO MAKE

1   훈제오리는 한입 크기로 썰어 두세요.

2   브로콜리, 양파도 먹기 좋은 크기로 썰고, 마늘은 편으로 저며요.

3   끓는 물에 소금을 넣고 브로콜리를 넣어 데쳐요. 브로콜리의 색이 선명한 초록색으로 변하면 건져 찬물에 헹군 후 체에 밭쳐 물기를 제거해요.

4   달군 팬에 훈제오리와 저민 마늘을 넣고 오리의 기름이 배어 나올 때까지 볶아요.

5   데친 브로콜리와 양파를 넣고 중간 불에서 볶다가 간장을 넣고 센 불로 올려 볶아요.

6   불을 끄고 통깨와 후춧가루를 뿌려 섞어요.

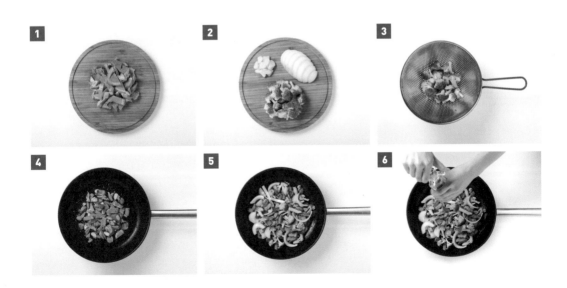

무를 고를 때는 몸통이 매끈하고 단단하며 잔뿌리가 많지 않은 것이 좋아요.

잔뿌리가 많은 무는 억센 경우가 많거든요. 초록빛이 도는 무의 윗부분은 단단하고

단맛이 강해 아삭아삭해야 맛있는 무생채처럼 생으로 먹는 요리에 어울리고,

흰색 부분은 볶아 먹는 무나물이나 시원한 맛이 우러나는 국물 요리에 좋답니다.

아삭아삭 무생채

INGREDIENTS

4인분

무 5cm 1/3토막(150g)

초벌 양념
식초 1/2T
설탕 1t
소금 1/2t

양념
고춧가루 1/2t
다진 마늘 1t
다진 새우젓 2t
참기름·통깨 약간

HOW TO MAKE

1 무는 채 썬 후 초벌 양념을 넣고 10분 이상 절인 후 물기를 짜요.

2 고춧가루를 넣고 바락바락 주물러 무에 색을 들여요.

3 다진 마늘과 곱게 다진 새우젓을 넣고 버무린 뒤 참기름과 통깨를 넣고 살짝 버무려요.

● **치킨무 만들기**

남은 무를 이용해서 아이들이 너무 좋아하는 치킨무를 만들어도 좋아요.

재료 무, 물, 설탕, 식초, 소금

1 무는 깍뚝썰기하고 물, 설탕, 식초, 소금은 2컵:1컵:1컵:1큰술의 비율로 준비해요.

2 국물 재료를 바글바글 끓여 한김 식혀서 깍뚝썰기한 무에 부어요.

슈퍼푸드
무들깨된장국 정식

초록색의 대표적인 슈퍼푸드인 시금치 무침에
햄프시드와 들깨까지, 이번 밥상에는 몸에
좋은 재료가 특히 많이 들어 있어요.
햄프시드에는 쌀밥에는 놓치기 쉬운 단백질이
많이 들어 있고, 들깨는 몸에 좋은
오메가3와 불포화지방이 들어 있어요.

햄프시드밥 225kcal
무들깨된장국 49kcal
소고기두부조림 187kcal
시금치무침 28kcal
⋮
총 489kcal

● 햄프시드밥 레시피는 31쪽에 있습니다.

된장찌개나 된장국에 들깨를 넣으면 고소한 맛이 더해져요.

게다가 무를 함께 넣으면 시원한 맛이 일품이지요.

고추장은 된장의 1/3 정도 넣는 게 맛있는데 아이들을 위한 국이라 분량을 줄였어요.

매운 것을 잘 먹는 아이라면 조금 더 넣어도 좋아요. 참, 들깻가루를 싫어하는 아이라면

쌀뜨물로 멸치다시마육수를 만들어 보세요. 된장과 잘 어울려요.

고소한 무들깨된장국

INGREDIENTS

4인분

무 3cm 1/2토막(150g)
대파 7cm
멸치다시마육수 4컵

양념
된장 1과 1/2T
고추장 1t
조선간장 2t
다진 마늘 1T
들깻가루 3T

HOW TO MAKE

1 무는 굵게 채 썰고, 대파는 송송 썰어요.

2 냄비에 멸치다시마육수와 된장, 고추장, 조선간장을 넣고 팔팔 끓으면 무채를 넣어요.

3 무가 어느 정도 익으면 다진 마늘과 대파, 들깻가루를 넣고 한 소끔 끓여요.

Dinner
187 kcal

콩으로 만든 두부는 건강한 단백질이 풍부한 재료여서

고기를 좋아하지 않는 아이들에게도 좋아요.

아이가 매운맛에 익숙한 정도에 따라 고춧가루 양을

조절해서 넣어 주세요.

어른을 위한 조리팁

두반장을 조금 넣어도 색다른 맛을 즐길 수 있어요. 두반장은 콩과 같은 고추를 섞어 발효시킨 것
으로, 구수하면서도 매콤한 맛이 나서 두부 재료나 된장이 들어가는 반찬에 약간 첨가하는 것만
으로도 맛의 변화를 줄 수 있어요.

단백질이 풍부한 소고기두부조림

INGREDIENTS

4인분

다진 소고기 100g
대파 7cm, 당근 1/5개(40g)
두부 2/3모(200g)
소금·후춧가루 약간
밀가루 2T, 통깨 1T
식용유 약간

소고기 밑간

다진 파 2t, 다진 미늘 1t
소금 1/3t
후춧가루·참기름 약간

조림장

간장 3T, 설탕 1T
다진 마늘 1T, 고춧가루 1t
참기름 1/2T, 물 1/2컵

HOW TO MAKE

1 소고기는 밑간에 버무리고, 조림장은 한데 섞고, 대파는 어슷 썰고, 당근은 채 썰어요.

2 두부는 네모나게 썰어 소금과 후춧가루를 살짝 뿌린 후 키친타월로 물기를 제거해요.

3 두부에 밀가루를 묻힌 뒤 여분의 밀가루를 털어 내요.

4 달군 팬에 식용유를 두르고 두부를 앞뒤로 노릇하게 구운 뒤 그릇에 덜어 두세요.

5 그 팬에 재운 소고기를 달달 볶아 완전히 익으면 조림장을 넣고 바글바글 끓여요.

6 두부를 넣고 조림장을 끼얹으며 끓이다 반쯤 줄어들면 대파와 당근을 넣고 좀 더 졸인 후 통깨를 뿌려 마무리해요.

시금치는 비타민 C가 풍부하고 성장에 도움이 되는 엽산, 칼슘, 철분이 풍부한 영양 만점 채소예요.

밭에서 따는 즉시 영양소가 파괴되기 시작하니, 사오자마자 요리하는 게 좋아요.

녹색채소를 조리할 때 채소 분량의 5배 이상 되는 충분한 양의 끓는 물에 데치면 물의 온도가 내려가지 않아

단시간에 조리할 수 있어요. 보통 소금물에 데치는데, 소금은 비타민 C 등 수용성 성분의 용출을 억제해요.

만들기 편한 시금치무침

INGREDIENTS

4인분

시금치 1/2단(150g)

양념
다진 파 1T, 다진 마늘 1t
조선간장 1/2T
소금 약간
참기름 1/2t
깨소금 1/2T

HOW TO MAKE

1 시금치는 끓는 소금물에 뿌리부터 넣어 숨이 죽을 정도로만 살짝 데친 다음 바로 건져 찬물에 헹궈 물기를 꼭 짜요.

2 데친 시금치는 먹기 좋게 반으로 자른 후 다진 파와 마늘, 조선간장과 소금을 넣고 조물조물 무쳐 간이 잘 배게 해요.

3 마지막으로 참기름과 깨소금을 넣고 한 번 더 버무려요.

● **시금치고추장무침 만들기**

고추장무침에는 섬초나, 포항초처럼 씹을수록 단맛이 나는 단단한 겨울 시금치가 제격이에요.

재료 시금치 1/2단(150g), 맵지 않은 고추장 1T, 된장 1/2t, 다진 마늘 1/2t, 매실청 1/2T, 참기름 1/2T, 통깨 약간

1 시금치를 데쳐서 준비해요.

2 데친 시금치에 갖은양념을 넣고 조물조물 무쳐요.

오징어찌개와
잡곡밥 정식

잡곡밥은 아직 소화 기능이 약한 아이에게는
무리가 될 수 있으니 조금씩 섞어가며
양을 늘리는 게 좋아요. 식구들이 모두
잡곡밥을 먹는다면 밥을 안칠 때 한쪽에 쌀을
섞이지 않게 놓아 밥을 짓고 밥이 다 된 뒤
살살 섞으면서 잡곡의 양을 조절해 보세요.

잡곡밥 231kcal
오징어찌개 79kcal
달걀찜 66kcal
감자전 104kcal
⋮
총 480kcal

• 잡곡밥 레시피는 29쪽에 있습니다.

아이들에게도 슬슬 매운 국물을 주려고 만들어 본 오징어찌개지만 어른들 입맛에는 너무 심심하
죠. 청양고추나 고춧가루를 첨가해도 좋지만, 팔팔 끓인 국물에 쑥갓이나 미나리를 듬뿍 넣어 데
친 후 와사비 간장과 곁들여 먹어도 좋아요.

Dinner
79 kcal

오징어는 키친타월로 문지르면 쉽게 껍질을 벗길 수 있어요.
오래 끓이면 질겨지니 나중에 넣는 게 좋아요.

말캉말캉 오징어찌개

4인분

양파 1/2개(100g)
풋고추 1개, 대파 4cm
무 2cm 1/4토막(50g)
두부 1/3모(100g)
멸치다시마육수 3컵
오징어 1마리(120g)
쑥갓 1술기(미나리나 쪽파로
대체 가능)

양념장
된장 1과 1/2T, 고추장 1/2T
안 매운 고춧가루 1t
조선간장 1/2T, 다진 마늘 1T
청주 1t, 소금 약간

1 양념장 재료를 모두 섞어 30분 정도 숙성시켜요.

2 양파는 굵게 채 썰고, 풋고추와 대파는 어슷 썰어요.

3 무는 나박 썰고, 두부는 네모나게 썰고, 쑥갓은 4cm 길이로 썰어요.

4 오징어는 껍질을 벗긴 다음 몸통에 칼집을 넣어 먹기 좋게 썰어요.

5 멸치다시마육수에 양념장을 풀어 끓으면 무를 넣고 중간 불로 무가 익을 때까지 끓여요.

6 오징어와 쑥갓을 제외한 나머지 재료를 넣고 센 불로 끓이다가 오징어를 넣고 불을 끈 후 쑥갓을 얹어요(대체 가능).

다시마육수를 사용하고 체에 거르는 과정을 거쳐야 달걀찜이 부드러워져요.

전자레인지로 조리했을 때 주변은 익고 가운데가 잘 안익는다면

3분 가량 되었을 때 한 번 휘저은 뒤 나머지 시간을 돌려 주세요.

Dinner
66 kcal

간편한 전자레인지 달걀찜

INGREDIENTS

4인분

달걀 2개
다시마육수 60ml
양파 1/8개(25g)
당근 1/8개(25g)
쪽파 1대

양념
새우젓 국물 1t
참기름·소금·통깨 약간

HOW TO MAKE

1 양파와 당근은 다지고 쪽파는 송송 썰어요.

2 달걀은 알끈을 제거하고 다시마육수와 섞은 뒤 체에 한 번 걸러요.

3 2에 1과 양념을 넣어 섞어요.

4 전자레인지용 유리그릇에 담고 뚜껑을 덮어 5분 30초에서 6분 정도 돌려요.

* 새우젓은 국물만 꼭 짜서 사용해요. 새우가 씹히는 것을 좋아하면 굵게 다져서 함께 넣어도 좋아요.

아이용 감자전을 부치고 난 반죽에 청양고추나 달래 등을 다져 넣어도 좋고, 매콤한 양념간장을
만들어 찍어 드셔도 좋아요. 진간장에 다진 청양고추, 고춧가루, 양파, 설탕 약간을 넣어 잘 섞고
마지막으로 식초를 조금 넣으면 기름진 전과 잘 어울리는 양념간장이 돼요.

Dinner
104 kcal

감자를 가장 맛있게 먹는 방법의 하나가 감자전이에요.

우리 아이는 물론 감자튀김이라고 하겠지만요. 감자전에 양파와 부추를

슬쩍 넣어 부쳐 주면 채소를 싫어하는 아이들도 잘 먹어요.

계속 먹게 되는 감자전

4인분

감자 3개(450g)
양파 1/2개(100g)
부추 3줄(15g)
소금 1/2t

1 감자는 껍질을 벗겨 강판에 간 후 체에 밭쳐 물기를 빼요. 갈 때 생긴 물을 그대로 두면 바닥에 전분이 갈아 앉는데 버리지 말고 두세요.

2 양파도 강판에 갈고 부추는 송송 썰어요.

3 물을 뺀 감자 건더기에 간 양파와 부추, 바닥에 가라 앉은 감자전분 1큰술을 넣고 소금 간을 해서 섞어요.

4 달군 팬에 식용유를 두르고 반죽을 1큰술씩 올려 앞뒤로 노릇하게 부쳐요.

* 강판에 갈다가 작게 남은 감자는 곱게 채 썰어 반죽에 넣어요.

* 양파는 믹서에 돌려 갈아도 되지만 감자를 믹서에 돌리면 색이 금방 변하고 영양소가 파괴되므로 가급적 강판에 갈아요.

콩나물밥
제육볶음 정식

콩나물은 야리야리해 보이지만 의외로
아이들은 소화가 잘 안 되기도 해요.
잘 씹지 못하는 아이라면
가위로 잘라 주는 것이 좋아요.
제육볶음에서 고기를 재울 때
시간이 부족하다면 간이 잘 배도록
손으로 조물조물 주물러 주세요.

콩나물밥 196kcal
소고기뭇국 78kcal
제육볶음 151kcal
옥수수샐러드 82kcal
⋮
총 507kcal

• 콩나물밥 레시피는 33쪽에 있습니다.
• 소고기뭇국 1인분은 소고기 40g, 무 60g, 옥수수샐러드 소스는
1T 섭취를 기준으로 열량을 계산하였습니다.

소고기가 들어간 국을 깨끗하게 끓이려면 고기의 핏물을 꼼꼼히 제거하고

처음 국이 끓어오를 때 생기는 거품을 팔팔 끓을 때까지 계속 걷어 내요. 자칫 이때를 놓치면

거품이 단단해지면서 다시 국물 속으로 들어가 퍼져서 국물이 지저분해 보일 수 있어요.

사실 이 거품은 단백질과 다른 여러 성분으로 이루어져 있어서 먹어도 괜찮아요.

육수 맛을 살린 소고기뭇국

INGREDIENTS

4인분
소고기(양지나 사태) 200g
다시마(10×10cm) 1장
무 5cm 1/2토막(250g)
대파 10cm
물 6컵

무 양념
조선간장 1t, 참기름 1t
다진 마늘 1/2t
소금·후춧가루 약간

양념
조선간장 1t
다진 마늘 1/2T
소금 약간

HOW TO MAKE

1 소고기는 찬물에 담가 2시간 정도 핏물을 빼요. 깨끗한 물로 자주 갈면 핏물이 더 잘 빠져요.

2 냄비에 물과 소고기, 다시마를 넣고 팔팔 끓어오르면 거품을 걷어 내요. 약한 불로 줄여 40분 정도 줄어든 물을 보충하며 끓여서 국물을 우려 내요.

3 무는 나박 썬 다음 끓는 소금물에 살짝 데쳐 건진 후 무 양념을 넣고 버무려 간이 배게 해요.

4 2에서 익은 소고기를 건져 먹기 좋은 크기로 썬 뒤 무와 함께 섞어요.

5 냄비에 고기와 무를 넣고 잠깐 볶다가

6 육수를 붓고 나머지 양념을 한 뒤 송송 썬 대파를 넣고 끓여요.

아이들 반찬은 매운 양념을 할 수가 없어서 다양하게 만들기

어렵다는 분들이 많아요. 그래서 아이들이 좋아할 만한 덜 매운

제육볶음 레시피를 만들어 보았어요. 돼지고기는

수컷보다는 암컷이, 앞다릿살보다는 뒷다릿살이 더 맛있어요.

덜 매운 제육볶음

INGREDIENTS

4인분

돼지고기(뒷다릿살) 220g
양파 1/3개(70g)
양배추 5장(100g)
대파 4cm
식용유 1과 1/2T
안 매운 고춧가루 1T
후춧가루 약간

양념
다진 마늘 1T
참기름 1T
올리고당 1T
맛술 1T
굴소스 2/3T
간장 2/3T
고추장 2/3T
다진 생강 1/2t

HOW TO MAKE

1 돼지고기 뒷다릿살은 한입 크기로 썬 다음 양념을 넣고 버무려 20분 정도 재워 두세요.

2 양파와 양배추는 굵게 채 썰고, 대파는 어슷하게 썰어요.

3 달군 팬에 식용유를 두르고 양념한 고기를 센 불에서 볶아요.

4 고기의 겉면이 익으면 양파, 양배추, 고춧가루를 넣어 볶고 채소의 숨이 죽으면 대파를 넣고 한 번 더 볶아요.

* 삼겹살이나 목살로 제육볶음을 할 때는 팬에 식용유를 적게 사용해요.

* 매운 것을 전혀 못 먹으면 고춧가루를 빼도 좋아요. 단, 색이 좀 어둡게 나와요.

달콤한 캔 옥수수를 갈아 만든 옥수수 소스는 아이들이

정말 좋아할뿐더러 모든 샐러드에 다 잘 어울려요.

평소 브로콜리를 잘 안 먹는 아이들도 소금물에 삶아 데쳐

이 소스를 뿌려 주면 맛있게 잘 먹어요.

아이도 즐겨 먹는 옥수수샐러드

INGREDIENTS

4인분

견과류 1T
베이컨 2장
양상추 3장
방울토마토 5개
캔 옥수수 알갱이 2T

소스
캔 옥수수 알갱이 1/2컵
양파 1/8개(25g)
사과 1/4개(75g)
식용유 1T
설탕 1T
식초 2T
소금 약간

HOW TO MAKE

1 소스 재료는 모두 믹서에 넣고 간 다음 냉장고에 넣어 두세요.

2 견과류는 굵게 다져 마른 팬에 살짝 볶고, 베이컨은 기름을 두르지 않은 팬에 바싹 구워 굵게 다져요.

3 양상추는 씻어서 물기를 제거한 다음 한입 크기로 뜯어 놓고, 방울토마토는 반으로 잘라요.

4 양상추, 방울토마토, 견과류를 섞어 그릇에 담고 소스를 뿌린 다음 베이컨과 옥수수 알갱이를 얹어 내요.

된장찌개를 곁들인
소고기버섯밥 정식

소고기가 들어간 밥에는 간단하게 끓인
된장찌개가 잘 어울려요.
아이가 먹을 된장찌개에는 재료를
조금 작게 잘라주면 더 먹기 편해요.

소고기버섯밥 252kcal

된장찌개 66kcal

멸치아몬드볶음 99kcal

우엉조림 64kcal

⋮

총 481kcal

• 소고기버섯밥 레시피는 33쪽에 있습니다.

어른을 위한 조리팁 ~~~~~~~~~~~~~~~

그냥 매운맛이 좋다면 청양고추도 좋지만, 좀 더 진하고 입에 짝 붙는 맛을 내고 싶을 때는 송송 썬
김치와 쌈장을 약간 넣어 끓여 보세요. 고깃집에서 주는 된장찌개 맛이 날 거예요.

Dinner
66kcal

된장찌개를 끓일 때 쌀뜨물을 넣으면 감칠맛이 돌아요.

쌀뜨물은 세 번째 쌀 씻은 물을 받아 사용해요.

쌀뜨물은 찌개에 넣은 재료들의 영양 성분이 국물에 빠져나오는 것을

줄여 주기 때문에 재료의 맛을 좀더 살리는 효과가 있답니다.

기본에 충실한 된장찌개

INGREDIENTS

4인분

두부 1/3모(100g)
애호박 1/5개(60g)
양파 1/4개(50g)
감자 1/2개(75g)
대파 4cm
풋고추 1/2개
바지락 6~7개
쌀뜨물(또는 물) 2와 1/2컵
고춧가루 약간

양념
된장 1과 1/2T
멸치 가루 1T
다진 마늘 1t
조선간장 1/2T

HOW TO MAKE

1 두부는 깍둑 썰고, 애호박, 양파, 감자는 한입 크기로, 대파와 풋고추는 송송 썰어 준비해요.

2 바지락은 소금물에 담가 해감해요(해감법은 27쪽을 참고하세요).

3 냄비에 양파와 감자, 양념을 넣고 약한 불에서 볶다가 쌀뜨물과 바지락을 넣고 바글바글 끓여요.

4 두부와 애호박을 넣고 끓이다 호박이 익으면 대파와 풋고추를 넣고 취향에 따라 고춧가루를 넣고 불을 꺼요.

221

멸치는 뼈째 먹을 수 있고 자주 사용하는 재료라 흔히 냉장고나

냉동실에 갖춰 두는 식재료이지요. 그만큼 냉장고에 머무르는

시간이 긴 편이므로, 다소 귀찮더라도 조리 전에 마른 팬에 볶아

수분을 날리는 과정을 통해 비린내를 없애 주세요.

Dinner

99kcal

칼슘이 듬뿍 멸치아몬드볶음

INGREDIENTS

4인분

잔멸치 50g
슬라이스 아몬드 20g
통깨 1T

조림장
올리고당 1T
식용유 1T
설탕 1t
간장 1t
청주 1t
다진 마늘 1/2t

HOW TO MAKE

1 팬에 잔멸치와 슬라이스 아몬드를 넣고 볶은 후 체에 밭쳐 가루를 털어 내요.

2 팬에 조림장 재료를 모두 넣고 바글바글 끓이다

3 중약 불에서 멸치와 슬라이스 아몬드를 넣고 골고루 섞어요.

4 통깨를 뿌리고 뒤적인 후 불을 꺼요.

전 아이가 장이 안 좋아서 우엉조림을 자주 해 줘요.

식이섬유 리그닌이 대장 운동을 돕고 올리고당이 유산균 증식에

도움을 주거든요. 우엉을 식초에 담가 두면

색깔이 변하지 않고 아린 맛이 줄어들며 식감이 아삭해져요.

Dinner
64kcal

장에 좋은 우엉조림

INGREDIENTS

4인분

우엉 1/2대(100g)
식초 1t
식용유 1T
참기름 1t
올리고당 1T
통깨 1T

조림장
올리고당 1T
간장 2t
맛술 1t
설탕 2t
물 1/3컵

HOW TO MAKE

1 우엉은 필러나 수세미로 껍질을 벗기고 굵게 채 썰어요.

2 손질한 우엉을 식초 푼 물에 담갔다 체에 밭쳐 물기를 제거해요.

3 조림장은 한데 섞어 두세요.

4 팬에 식용유를 두른 뒤 우엉을 넣고 중약 불에서 뒤적이며 볶다가 우엉이 한숨 죽으면

5 조림장 섞은 것을 넣고 중간 불에서 국물이 1큰술 남을 때까지 졸여요.

6 참기름과 올리고당을 넣고 불을 올려 뒤적이며 볶다가 통깨를 넣어 버무리고 불을 꺼요.

미역국을 곁들인
조기구이 정식

아이들에게 주기 가장 좋은 국이
미역국이지요. 소고기, 닭고기, 바지락,
홍합, 조개, 그 어떤 재료를 넣고
끓여도 맛있어요. 미역 자체가
바다에서 나온 것이라 조선간장 대신
액젓을 사용해도 무척 잘 어울려요.

완두콩밥 206kcal

소고기미역국 77kcal

조기구이 107kcal

감자조림 98kcal

⋮

총 488kcal

• 완두콩밥 레시피는 31쪽에 있습니다.

노폐물을 배출하고 피를 맑게 하는 미역은 국을 끓일 때

소고기뿐 아니라 홍합, 우럭, 굴, 닭고기 등

육해공군을 가리지 않고 다양한 식재료와 잘 어울려요.

끓이기 쉬운 소고기미역국

INGREDIENTS

4인분

소고기(국거리용) 120g
건미역 20g
물 4컵

양념
참기름 약간
다진 마늘 1T
조선간장 2T
소금 약간

HOW TO MAKE

1 미역은 찬 물에 불려 여러 번 헹군 후 먹기 좋게 썰어요.

2 소고기도 먹기 좋은 크기로 썰어 찬 물에 20분 정도 담가 핏물을 빼요.

3 달군 냄비에 참기름을 두르고 소고기와 미역, 다진 마늘, 조선간 장을 넣고 달달 볶아요.

4 물을 넣고 끓어오르면 중간 불로 줄여 20여 분 더 끓인 후 소금으로 간을 맞춰요.

바다에서 그대로 잡은 조기를 해풍에 말리면 굴비, 영광에서 말리면 영광굴비, 바짝 말리면 보리굴비라고 불러요.

말리는 과정에서 특유의 맛이 나고 기름기가 돌게 되지요. 큰 조기를 사서 소금을 뿌려 서늘하고

바람이 잘 부는 곳에 하루 정도 말려 구우면 생조기보다 더 맛있답니다. 여름에는 냉장고에서 말려도 돼요.

꾸덕꾸덕 맛있는 조기구이

INGREDIENTS

4인분

조기 2마리(220g,
작은 참조기로는 4마리)
굵은소금 1t
식용유 약간

HOW TO MAKE

1   조기는 꼬리에서 머리 방향으로 칼로 긁어 비늘을 제거해요.

2   등, 꼬리, 옆 지느러미를 가위로 잘라 낸 후 물기를 제거하고 굵은소금을 뿌려 15분 정도 재워요.

3   달군 팬에 식용유를 두르고 조기를 올린 다음 약한 불로 줄여 앞뒤로 노릇하게 구워요. 자주 뒤집으면 살이 떨어질 수 있어요.

＊   조기의 물기를 잘 제거해야 비린내가 나지 않아요.

＊   이쑤시개로 배에 구멍을 몇 개 내고 구우면 속까지 잘 익힐 수 있어요.

＊   큰 조기일수록 약한 불에서 조기 기름이 나오게 은근히 구워야 맛있어요.

날이 더워지기 시작하면 감자가 싸고 맛있어지는 계절이 와요.

쪄 먹고, 튀겨 먹고, 갈아서 전을 부쳐 먹어도 좋고, 국물 요리에

넣으면 국물을 흡수해서 더 맛있어지는 기특한 재료이지요.

아이가 매운 걸 잘 먹으면 꽈리고추를 몇 개 넣어 조리해요.

밑반찬으로 좋은 감자조림

INGREDIENTS

4인분

감자 2개(300g)
양파 1/2개(100g)
올리고당 1T
참기름 · 통깨 · 후춧가루
약간

조림장
물 1컵
간장 2T
식용유 1T
조선간장 1/2t
설탕 1t
다진 마늘 1t
고춧가루 1t

HOW TO MAKE

1 감자는 껍질을 벗겨 1cm 크기로 깍둑 썰어 찬물에 담가 두고, 양파도 비슷한 크기로 썰어 준비해요.

2 냄비에 조림장 재료를 모두 넣고 바글바글 끓어오르면 중약 불로 줄여 감자를 넣고 익혀요.

3 조림장이 자작해지면 양파와 올리고당을 넣고 센 불에서 볶으며 졸여요.

4 국물이 졸아들면 불을 끄고 참기름, 통깨, 후춧가루를 넣고 뒤섞어요.

＊ 조림장에 물 대신 고깃국물이나 다시마육수를 넣으면 맛이 더 좋아져요.

나물과 볶음을 곁들인
황탯국 정식

국물이 시원해서 즐겨 먹는 황탯국이지만
막상 속에 들어간 황태는 아이들이 질겨서
안 먹고 뱉는 경우를 많이 봤어요.
그럴 땐 황태를 전자레인지에 30초 정도 돌려
믹서에 갈아 굵게 가루 내어 국을 끓여 보세요.
이 황태 가루에 간장, 설탕, 참기름, 깨소금을 넣고
밥에 섞어 주먹밥을 만들어도 맛있어요.

백미밥 194kcal
황탯국 96kcal
새우케첩볶음 86kcal
가지나물 25kcal
⋮
총 401kcal

황탯국이 남았나요? 뚝배기에 옮겨 바글바글 끓어오르면 콩나물 한 줌, 송송 썬 청양고추, 새우젓,
고춧가루를 넣고 뚜껑을 닫아 콩나물 비린내가 안 나게 팔팔 끓여 주세요. 여기에 달걀을 하나 톡
깨트려 넣으면 바로 콩나물해장국 완성이에요.

Dinner
96 kcal

황태가 없으면 황태채, 북어, 북어채, 먹태 그 어떤 것으로 끓여도 돼요.

요새 많이 먹는 먹태는 사실 명태를 말리는 과정에서

제대로 얼고 녹지 않아 색이 검게 변한 하품이고, 황태는 그야말로

얼었다 녹았다를 반복하면서 살이 노랗게 잘 마른 상품이에요.

감칠맛 나는 황탯국

INGREDIENTS

4인분

황태채 1/2컵(건황태 60g)
다시마(10×10cm) 1장
물 1컵
두부 1/3모(100g)
대파 7cm
양파 1/3개(70g)
들기름 1/2T
물 4컵
조선간장 1T
소금 약간

양념
조선간장 1T
다진 마늘 1/2T
참기름 1/2T
후춧가루 약간

HOW TO MAKE

1 황태채와 다시마에 물 1컵을 부어 불려요. 10분 뒤 황태를 건져 꼭 짠 뒤 잘게 찢고, 양념을 넣고 버무려 밑간해요.

2 두부는 한입 크기로 썰고, 대파는 어슷 썰고, 양파는 채 썰어요.

3 냄비에 들기름을 두르고 약한 불에서 밑간한 황태채를 볶다가 물을 붓고 중간 불에서 끓여요.

4 끓기 시작하면 두부를 넣고 조선간장과 소금으로 간을 맞춰요.

＊ 한 요리에 참기름과 들기름을 같이 쓰면 향도 좋고 맛도 좋아요.

새우는 꼭 생새우를 쓰지 않아도 돼요.

생새우 대신 냉동 새우를 쓰는 경우, 충분히 해동시킨 뒤 사용하세요.

그리고 이미 간이 되어 있는 새우라면 밑간에는 청주만 쓰세요.

Dinner

86 kcal

새콤달콤 새우케첩볶음

INGREDIENTS

4인분

생새우 10~15마리(160g)
마늘 2쪽
양파 1/2개(100g)
빨강·초록 피망 각 1/4개(50g)
양송이 2개(30g)
식용유 약간

양념
우스터소스 1T
케첩 2T
굴 소스 1/2t

새우 밑간
청주 1T
소금·후춧가루 약간

HOW TO MAKE

1 생새우는 머리 다음 마디에 이쑤시개를 넣어 내장을 빼낸 후 꼬리를 남기고 껍질을 벗겨요.

2 손질한 새우를 밑간에 잠시 재워 두세요.

3 마늘은 저미고, 양파, 피망, 양송이는 모두 한입 크기로 썰어요.

4 달군 팬에 식용유를 두르고 저민 마늘을 약한 불에 볶아 향을 내요.

5 거기에 새우와 양파를 넣어 중간 불에서 볶다가 새우가 거의 익으면

6 피망, 양송이, 양념을 넣어 볶아요. 마지막에 후춧가루를 살짝 뿌려 마무리해요.

가지는 아무 맛이 없다고들 하는데, 그만큼 양념만

잘하면 양념 맛으로 잘 먹을 수 있는 채소예요.

물컹한 식감을 싫어하는 아이들이 많으므로 너무 오래 찌지

않도록 하고, 찐 뒤에는 물기를 살짝 짜서 버무려요.

식초를 약간 넣는 것이 특별한 팁이랍니다.

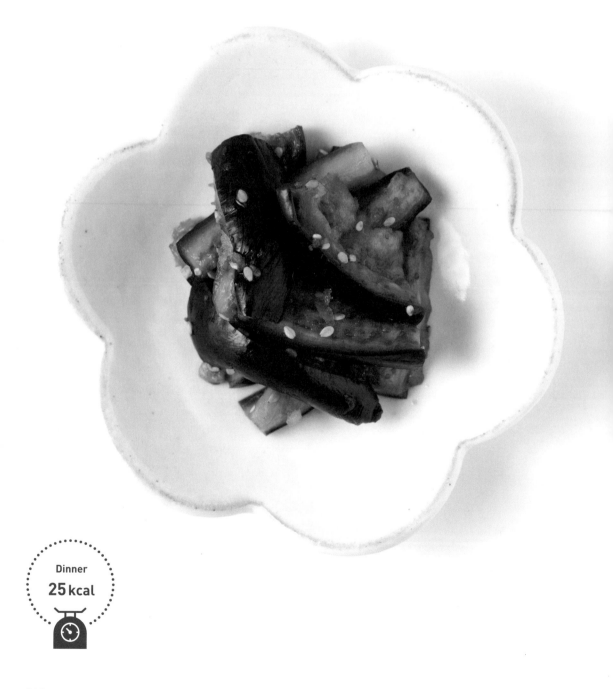

Dinner
25 kcal

부드러운 가지나물

INGREDIENTS

4인분

가지 1개(200g)

양념
간장 1T
조선간장 1/2T
식초 1T
설탕 2t
다진 마늘 1/2t
통깨 1T
고춧가루 약간

HOW TO MAKE

1 가지는 꼭지 부분을 자른 후 세로로 반을 가르고 찜기 크기에 맞춰 가로로 2~3등분해요.

2 김 오른 찜기에 가지를 올려 3~4분 정도 쪄요.

3 가지를 식힌 다음 먹기 좋게 찢고 살짝 짜서 물기를 빼요.

4 양념을 모두 넣고 버무려요.

든든한 한 그릇
설렁탕 정식

고소하고 진한 국물맛이 일품인 설렁탕은
어른과 아이 모두가 좋아하는 한 끼 식사예요.
간편하게 외식을 하거나 시판식을 사서
먹을 수도 있지만 조금 덜 짜게,
조금 덜 기름지게 집에서 만들어 먹어 보세요.
한번에 넉넉하게 만들어서 냉동실에
보관했다가 급할 때 꺼내 먹어도 좋아요.

차조밥 214kcal
설렁탕 194kcal
숙주나물·햄무침 50kcal
깍두기 55kcal

총 504kcal

• 설렁탕 1인분은 소고기 65g, 깍두기 1인분은 무 35g
섭취를 기준으로 열량을 계산하였습니다.

고춧가루 3, 다진 양파 1, 다진 마늘 1, 까나리액젓 1.5, 맛술 1, 설렁탕국물 1의 비율로 모두 잘 섞어 반나절 냉장고에서 숙성해서 다대기를 만들어요. 설렁탕뿐 아니라 갈비탕이나 도가니탕, 순댓국과 같은 진한 고깃국에 모두 잘 어울려요.

Dinner

194 kcal

설렁탕은 뼈와 살을 같이 고아 만든 음식이기 때문에

칼슘과 마그네슘 같은 미네랄이 풍부해요. 다만 소금을 많이 넣어 먹으면

칼슘의 흡수를 방해할 수 있으므로 저염식으로 먹도록 해요.

위에 뜨는 지방은 고소한 맛을 내지만 많이 먹으면 열량이 과해지니 걷어 내고 드세요.

든든한 설렁탕

INGREDIENTS

4인분

사골 5~6개
소고기(덩어리 양지) 250g
마늘 3쪽
대파 10cm 2대
생강 1톨
통후추 1t

고명
대파(흰 부분) 7cm
소금·후춧가루 약간

HOW TO MAKE

1 사골과 소고기는 찬물에 담가 2시간 이상 핏물을 빼요. 물을 자주 갈수록 핏물이 잘 빠져요.

2 큰 냄비에 뼈가 잠길 만큼 물을 붓고 한 번 끓인 다음 물을 따라 버려요. 다시 물을 부은 뒤 마늘, 대파, 생강, 통후추를 넣고 불순물을 걷으며 20분 정도 팔팔 끓여요.

3 소고기를 넣고 중약 불로 줄인 후 불순물을 걷으며 40분 정도 끓여요.

4 소고기를 건져 식힌 뒤 편으로 썰고, 고명용 대파도 송송 썰어요.

5 사골은 물을 보충하며 뽀얗게 국물이 우러나올 때까지 2시간 이상 끓여요. 위에 뜬 기름은 걷어 내는 게 좋아요.

6 그릇에 고기를 담고 국물을 부은 뒤 송송 썬 대파를 넣고 소금과 후춧가루로 간해서 먹어요.

숙주는 녹두가 자란 것으로 콩나물과 비슷하지만 반드시

익혀 먹는 콩나물과는 달리 살짝 데치거나 생으로 먹는 경우도

있을 만큼 연한 나물이에요. 잘 상하기 때문에

만들자마자 빨리 먹는 게 좋고, 무칠 때도 살살 무쳐요.

즐겨 먹는 숙주나물햄무침

INGREDIENTS

4인분

숙주 2/3봉지(200g)
햄 40g
양파 1/4개(50g)
대파(흰 부분) 4cm
소금
참기름 약간

양념
간장 1T
설탕 1/2T
식초 1T
깨소금 1/2T
다진 마늘 1t

HOW TO MAKE

1 숙주는 끓는 소금물에 살짝 데친 후 찬물에 헹궈 체에 받쳐 물기를 빼요.

2 햄은 채 썬 후 끓는 물에 데쳐 물기를 빼요.

3 양파와 대파는 얇게 채 썬 후 찬물에 10분 정도 담가 매운 맛을 빼고 체에 받쳐 물기를 빼요.

4 재료와 양념을 모두 섞어 냉장보관했다가 먹기 직전에 참기름을 조금 넣어 무쳐요.

풀을 쑤기 힘들다면 맨밥과 물을 1대1의 비율로 믹서기에 갈아도 돼요.

아이가 클수록 조금씩 고춧가루의 양을 늘리고, 간도 멸치액젓을 넣어요.

설탕을 쓰는 것이 싫다면 설탕 대신 사과를 한쪽 갈아 넣어도 잘 어울려요.

어린이용 깍두기

INGREDIENTS

무 1/3개(300g)
굵은소금 1T, 쪽파 2대

양념
양파 1/3개(70g)
빨강 파프리카 1/3개(40g)
다진 마늘 2T, 생강 1/2톨
새우젓 국물 1T
설탕 1t, 매실청 1T
고춧가루 1/2T
요구르트 1/2개, 풀 1T

풀
물 1/2컵, 찹쌀 가루 1T

HOW TO MAKE

1 무는 껍질을 벗겨 작게 깍둑 썬 후 굵은소금을 넣고 뒤섞어 1시간 정도 절여요.

2 절인 무는 체에 밭쳐 물기를 빼요.

3 냄비에 물과 찹쌀 가루를 넣고 약한 불에서 저으며 끓이다 걸쭉해지면 불을 끄고 예열로 조금 더 저어요. 풀을 끓일 때 걸쭉해지기 시작하면 금세 밑바닥이 눌으니 잘 지켜봐요.

4 믹서에 양념을 모두 넣어 갈고, 쪽파는 작게 송송 썰어요.

5 물기를 뺀 무에 양념과 쪽파를 넣고 버무려요.

6 하루 정도 실온에서 숙성시킨 뒤 냉장보관해요.

진미채를 곁들인
갈비탕 정식

고기와 뼈가 같이 붙어 있는
갈비를 넣고 끓여 국물을 진하게 우린
갈비탕은 좋은 보양식이에요.
고기로 맛을 낸 국물은 간장으로
간을 맞춰야 감칠맛이 살아나고,
뼈로만 우린 국물은
소금으로 간을 맞춰야 깔끔해요.

백미밥 194kcal
갈비탕 259kcal
진미채무침 78kcal
⋮
총 531kcal

• 진미채무침은 15g, 갈비탕은 갈비 3대(갈빗살 60g) 섭취를
기준으로 열량을 계산하였습니다.

아이에게 줄 때는 특히 갈비뼈를 자른 단면 부분을

꼼꼼히 씻어서 혹시나 있을지 모르는 뼛조각을 제거해요.

이런 뼈나 고기를 이용한 국은 핏물을 완전히 빼 주어야

누린 맛이나 잡내가 나지 않아요.

깊은 맛이 일품인 갈비탕

INGREDIENTS

4인분

소갈비 1kg
당면 60g
무 5cm 1/2토막(125g)
마늘 5쪽
대파 10cm 2대
소금·후춧가루 약간

양념
조선간장 2T
다진 마늘 1T
다진 파 2T
참기름 1T
소금 1t
후춧가루 약간

HOW TO MAKE

1 갈비는 겉에 붙은 기름을 떼 내고 찬물에 담가 물을 갈며 두 시간에서 반나절 이상 핏물을 빼요. 그런 다음 결 반대 방향으로 칼집을 내고 끓는 물에 한 번 데쳐요.

2 당면은 물에 담가 불리고, 무는 나박 썬 뒤 끓는 물에 데쳐요.

3 갈비가 잠길 만큼 물을 붓고 대파와 마늘을 넣은 뒤 센 불로 거품을 걷으며 15분 정도 끓여요.

4 약한 불로 줄인 뒤 데친 무를 넣고, 육수가 우러날 때까지 1시간 이상 끓여요.

5 갈비를 건져 양념에 버무려 20분 정도 두었다가 다시 넣어요.

6 당면을 넣고 한소끔 끓인 뒤 소금과 후춧가루로 간을 맞춰요.

* 당면은 먹기 직전에 넣고 데치듯 끓인 후 모두 건져 내야 국물이 탁해지지 않아요.

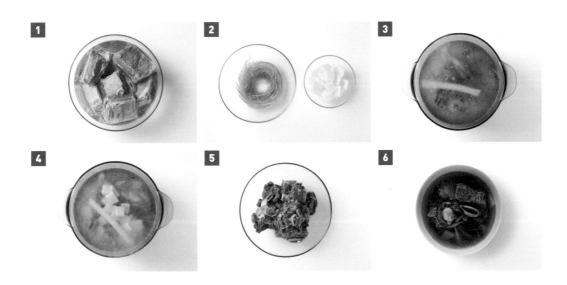

진미채는 오징어를 양념해서 건조한 가공식품이에요.

붉은색 진미는 껍질을 벗기지 않아 쫄깃하고,

아이들 반찬으로 좋은 흰색 진미는 껍질을 벗겨 부드러워요.

쫄깃한 진미채무침

INGREDIENTS

4인분

진미채 100g
마요네즈 1T
통깨 1/2T

양념
간장 1T
올리고당 1T
식용유 1T

HOW TO MAKE

1 진미채는 물에 20분 정도 담가 짠맛을 빼고 부드럽게 만들어요.

2 물기를 꼭 짜고 먹기 좋은 크기로 썬 뒤 마요네즈를 넣고 바락바락 주무르듯 무쳐요.

3 팬에 양념을 넣고 약한 불에 끓이다가 진미채를 넣고 뒤적인 뒤 통깨를 뿌려요.

순두부새우국을
곁들인 수육 정식

수육을 삶을 때 여기 넣는 재료 외에도
커피, 마늘, 대파 등을 넣어 보세요.
월계수는 확실히 고기 냄새를 제거해 주지만
특유의 향도 강하니 선택해서 사용하세요.
두부가 들어간 견과류쌈장은
금방 상하니 빨리 드세요.

백미밥 194kcal
맑은 순두부새우국 104kcal
수육 176kcal
견과류쌈장 35kcal
⋮
총 509kcal

• 견과류쌈장은 1t 섭취를 기준으로 열량을 계산하였습니다.

냄비나 뚝배기에 기름을 약간 두르고 약불에서 대파, 고춧가루, 다진 마늘을 넣고 볶다가 고추기름 향이 나기 시작하면 간장을 약간 두르고 기름이 뜨거워지면 순두부새우국을 넣어 바글바글 끓여요. 이때 국물보다는 건더기를 많이 넣어주면 더 찌개처럼 먹을 수 있어요.

Dinner
104 kcal

순두부는 대부분이 수분으로 이루어져 있어서 여러 다른 재료를 넣어도

열량 면에서 부담이 적어요. 단백질이 풍부하고 몸에 흡수가 잘되서

성장기 아이들에게 좋지요. 맛이 담백한 순두부에 아이가 좋아하는 재료를 넣어

우리 아이만의 순두부국을 만들어 주세요.

몽글몽글 맑은 순두부새우국

INGREDIENTS

4인분

순두부 1봉지(260g)
바지락 1봉지(200g)
칵테일새우 8마리(80g)
쪽파 2대
다시마육수 3컵
다진 마늘 1t
조선간장 1t
소금 약간

HOW TO MAKE

1 바지락은 소금물에 해감해 두세요(해감법은 27쪽을 참고하세요).

2 쪽파는 짧게 송송 썰어요.

3 냄비에 다시마육수와 다진 마늘, 조선간장을 넣고 끓어오르면 순두부를 수저로 뚝뚝 떠 넣어요.

4 바지락과 새우, 쪽파를 넣고 끓이다가 소금으로 간을 맞춰요.

• 바삭한 삼겹살을 원한다면 에어프라이어를 활용해 보세요. 넣기 전에 칼집을 내
주고 허브솔트를 속까지 뿌려 잠시 재워 둔 뒤 200도에서 15분 굽고 뒤집어서
다시 15분 구워주면 겉은 바삭하고 속은 촉촉한 수육을 만들 수 있어요.

성장기 어린이들에게 기름기를 쪽 뺀 수육은

최고의 단백질 공급원이에요.

고기의 맛을 가장 잘 살리는 조리 방법이기

때문에 질 좋은 냉장육으로 준비해요.

삼겹살 기름기를 싫어한다면 목살도 괜찮아요.

Dinner
211kcal

수육과 쌈장을 합쳐 열량을 계산하였습니다.

보드라운 수육과 견과류쌈장

INGREDIENTS

5~6인분

통 삼겹살 500g
쌀뜨물 4~5컵
된장 1T
월계수 잎 2장
통후추 1t

HOW TO MAKE

1 냄비에 통삼겹살이 잠기도록 쌀뜨물을 부은 뒤 된장을 풀어 넣고, 월계수 잎과 통후추를 넣고 팔팔 끓여요.

2 중약 불로 줄인 뒤 젓가락으로 찔러 핏물이 나오지 않을 때까지 약 30~40분 삶아 건져요.

3 찬물에 헹궈 기름기를 씻어 내고 한 김 식힌 뒤 얇게 썰어요.

＊ 고기 누린내가 싫으면 소주나 청주 1T를 넣고 삶아요.

＊ 너무 오래 삶으면 살이 부스러져서 쫀득한 맛을 살릴 수 없으니 적당한 시간을 지켜요.

● **견과류쌈장 만들기**

저는 늘 집에 쌈장을 두 종류로 만들어 두어요. 어른용 쌈장은 고추장, 고춧가루, 다진 청양고추와 마늘을 잔뜩 넣어 만들지만, 아이용 쌈장은 고추장 대신 시판 쌈장을 넣고 여러 견과류에 두부를 으깨 넣어 만들어요. 단, 오래 두고 먹으려면 두부는 먹을 만큼만 바로 넣고 섞어요.

재료 된장 3T, 시판 쌈장 2T, 두부 1/4모, 매실청 2T, 다진 아몬드 1T, 다진 호두 1T, 다진 잣 1T, 통깨 1T, 참기름 1T, 다진 마늘 1t

등갈비김치찜
흑미밥 정식

아이가 오이미역냉국을 좋아하나요?
그럼 속에 들어가는 재료를 바꿔
다양하게 시도해 보세요.
토마토오이냉국, 도토리묵냉국,
가지를 살짝 쪄서 차게
식힌 가지냉국 등이 있어요.

흑미밥 205kcal
오이미역냉국 38kcal
등갈비김치찜 245kcal
무나물 33kcal
⋮
총 521kcal

• 흑미밥 레시피는 30쪽에 있습니다.

국물이 꼭 있어야 밥을 먹는 아이의 엄마는 국이 쉽게 상하는 여름이 힘들지요.

그럴 땐 미리 만들어 둔 냉국육수에 오이와 미역을 넣고 오이미역냉국을 만들어 보세요.

오이를 싫어하는 아이는 미역만 넣어도 되고, 방울토마토를 반 잘라 넣어도 잘 어울려요.

멸치다시마육수나 황태육수로 만들면 좋지만 없으면 물로 해도 괜찮아요.

새콤달콤 오이미역냉국

INGREDIENTS

4인분

오이 1/3개(70g)
불린 미역 1/2컵
통깨 약간

오이 밑간
식초 1T
설탕 1t
다진 마늘 1/2t
소금 약간

냉국육수
멸치다시마육수 4컵
설탕 2T
식초 5T(산도 5~7% 기준)
조선간장 1T
소금 약간

HOW TO MAKE

1 냉국 육수는 재료를 모두 섞은 뒤 냉장고에 넣어 차게 준비해 두세요.

2 오이는 채 썰어 밑간에 재워 두세요.

3 불린 미역은 끓는 소금물에 살짝 데친 후 체에 받쳐 물기를 빼고 먹기 좋게 썰어요.

4 그릇에 절인 오이와 미역을 담고 육수를 부은 후 통깨를 뿌려 마무리해요.

이제 슬슬 아이가 어른 김치를 먹으면 좋겠다는 생각이 들 때는 김치찜을 시도해 보세요.

등갈비의 맛있는 육수와 기름이 김치에 배어 생김치보다 한결 쉽게 먹거든요. 못 먹어도 좋아요.

등갈비에 묻어 있는 김치의 향과 맛에 친해지게 한 뒤 다음에 또 시도하면 되니까요.

김치와 친해지는 등갈비김치찜

INGREDIENTS

4인분

돼지 등갈비 400g
배추김치 1/4포기
양파 1/2개
대파 7cm
김칫국물 1/2컵
사골육수 2컵

등갈비 밑간
청주 1T, 다진 마늘 1T
조선간장 2t
후춧가루 약간

양념
조선간장 1/2T
새우젓 1t, 다진 마늘 1t
참기름 1/2T, 설탕 1t
소금 약간

HOW TO MAKE

1 돼지 등갈비는 한 대씩 썰면서 살이 많이 붙은 곳은 칼집을 내요. 손질한 등갈비는 찬물에 담가 1시간 이상 물을 갈며 핏물을 빼요.

2 끓는 물에 한 번 데친 후 밑간을 해 30분 정도 재워요.

3 김치는 소를 털어 꼭 짜고, 양파는 굵게 채 썰고, 대파는 어슷 썰어요.

4 냄비에 등갈비, 배추김치, 양념, 김칫국물, 사골육수 순서로 넣어요.

5 뚜껑을 닫고 센 불에서 끓여요. 끓어오르기 시작한 뒤 10분 정도 더 끓이다 뚜껑을 열고 중약 불로 낮춰서 40분 정도 끓여요. 이때 취향에 따라 고춧가루를 넣어도 돼요.

6 양파와 대파를 얹은 후 마지막으로 약한 불에 10분 정도 더 끓여서 완성해요.

예전에 할머니는 고깃국을 끓일 때면 항상 무나물과 고사리나물을

같이 만드셨어요. 이 두 나물은 촉촉하게 볶아야 하는데,

고기육수를 조금 넣으면 그 맛이 한결 살아나거든요.

맛있는 가을무라면 육수 없이 그냥 해도 좋고, 맛이 떨어지면

고기를 약간 저며 넣어요.

촉촉한 무나물

INGREDIENTS

4인분

무 4cm 1/2토막(200g)
참기름 1T
깨소금 1/2T
식용유 1T

양념
다진 파 2T
다진 마늘 1/2T
조선간장 2/3T
멸치다시마육수 1/4컵
소금 1t
생강즙 1/2t

HOW TO MAKE

1 무를 가늘게 채 썰어요.

2 팬에 식용유를 두른 후 다진 파, 다진 마늘을 넣고 약한 불에서 볶아 향을 내요.

3 무를 넣고 숨이 죽도록 볶은 후 남은 양념을 모두 넣고 뚜껑을 닫은 뒤 중간 불에서 부드럽게 익혀요.

4 참기름과 깨소금을 넣고 버무리듯 볶은 후 불을 꺼요.

장어구이 무밥 정식

장어를 먹을 때 약간의 가느다란
뼈가 있을 수 있지만 아주 어린애들도
꼭꼭 씹으면 먹을 수 있는 정도에요.
그래도 주의해서 주는 게 좋아요.
데리야키소스는 팬에서 타기 쉬운데,
에어프라이어를 사용하면
편리하게 구울 수 있어요.

무밥 222kcal
감잣국 54kcal
장어구이 185kcal
애호박볶음 46kcal
⋮
총 507kcal

• 무밥 레시피는 34쪽에 있습니다.

여름 감자가 포실포실 달콤할 때 끓이면 맛있는 국이에요.

이때는 양파만 넣어도 국이 달지요.

다른 계절에는 감자가 쫀득해져서 맛이 덜 나니

황태나 소고기, 조개 등을 함께 넣고 끓여야 맛있어요.

Dinner
54 kcal

간편하게 만드는 감잣국

INGREDIENTS

4인분

감자 1개(150g)
양파 1/2개(100g)
참기름 1/2T
멸치다시마육수 4컵

양념
다진 마늘 1t
조선간장 1T
소금·후춧가루 약간

HOW TO MAKE

1   감자는 껍질을 벗기고 4등분해서 십자썰기한 후 찬물에 담가 놓아요. 양파는 굵게 채 썰어요.

2   냄비에 참기름을 두른 뒤 감자와 양파를 넣어 달달 볶으며 반쯤 익혀요.

3   멸치다시마육수를 부은 뒤 중약 불로 15분 정도 끓여요.

4   다진 마늘과 조선간장을 넣고 한소끔 끓인 뒤에 소금과 후춧가루로 간을 맞춰요.

아이들은 달짝지근한 데리야키소스를 좋아하지만 매콤한 양념을 바른 장어구이도 맛있어요. 고추장, 고춧가루, 간장, 설탕, 요리당 1큰술씩과 다진 생각 1작은술을 넣고 농도는 청주로 맞춰 발라 구우면 돼요.

Dinner
185kcal

데리야키소스를 발라 구우면 달콤 짭짤해서 아이들이

좋아해요. 하지만 껍질이 바삭해질 때까지 노릇하게 구운 후

소금이나 소스를 찍어 먹어도 맛있답니다

단백질 만점 장어구이

INGREDIENTS

4인분

뼈를 제거한 민물장어 4마리
(1kg)
시판 장어구이용 데리야키소스 1/2컵

HOW TO MAKE

1 손질한 장어는 양옆에 가위집을 촘촘하게 내고 반으로 잘라요.

2 중약 불로 달군 팬에 장어를 등 쪽으로 넣고 뒤집개로 누르며 초벌구이해요.

3 약한 불에서 데리야키소스를 앞뒤로 3~4회 바르며 구운 뒤 먹기 좋은 크기로 잘라요.

* 처음부터 데리야키소스를 발라 구우면 금세 타 버리니, 어느 정도 익힌 후에 발라요.

* 데리야키소스는 너무 묽지 않은 것이 좋아요. 시판 장어구이용 데리야키소스를 이용하세요.

* 손질이 안 된 장어는 큰 냄비에 물을 팔팔 끓인 후 한 김 식었을 때 장어를 넣고 두어 번 휘저어요. 장어의 등에 불투명한 기름기가 낄 때 바로 꺼내어 칼 등으로 기름기를 싹싹 긁어내요.

부드럽게 조리한 애호박볶음은 만들기 쉬운 채소 반찬이지요.

애호박은 새우젓과 음식 궁합이 잘 맞는데,

아이가 새우젓을 싫어한다면 조선간장으로 바꿔 조리해요.

Dinner

46 kcal

몰캉몰캉 애호박볶음

INGREDIENTS

4인분

애호박 2/3개(200g)
참기름 1/2T
양파 1/3개(70g)
홍고추 1/2개,
마늘 1쪽
소금 약간
식용유 약간

양념
다진 새우젓 1/2t
통깨 약간

HOW TO MAKE

1   애호박은 길이로 반 갈라 반달썰기하고 소금을 뿌려 버무린 뒤 20분 정도 두세요. 그런 다음 체에 밭쳐 물기를 뺀 뒤 참기름을 넣어 버무려요.

2   양파는 길게 채 썰고, 홍고추는 길게 갈라 씨를 뺀 뒤 가늘게 채 썰고, 마늘은 저며요.

3   달군 팬에 식용유를 두른 뒤 마늘을 넣고 중약 불에서 볶아 향을 내다가 센 불로 올려 애호박과 양파, 다진 새우젓을 넣고 빠르게 볶아요.

4   채소가 거의 익으면 홍고추와 통깨를 넣고 버무린 후 불을 꺼요.

＊   애호박을 반으로 갈랐을 때 씨가 많으면 가운데를 V자로 파서 제거한 후 반달썰기해야 깔끔하게 조리할 수 있어요.

즐거운
간식 시간

오전에 한 번, 오후에 한 번, 즐거운 간식 시간을 가져요.
그런데 알고 계시죠? 간식보다는 밥이 우선이라는 것?
식사 사이의 간식은 적당량을 먹어야 밥 맛이 좋아져요.

1 piece
209kcal

바삭한 과일브루게스타

~~~~~~

INGREDIENTS

~~~~~~~~~~~~~~~~~~~~~~~~~

HOW TO MAKE

~~~~~~

4인분

슬라이스 바게트 4조각
토마토 1/2개, 망고 1/2개
양파 1/4개, 버터 1/2T

양념
레몬즙 1T, 설탕 1t
올리브유 1T
파슬리 가루 약간
소금·후춧가루 약간

1   토마토는 껍질을 벗기고 씨를 제거한 뒤 과육만 깍둑 썰어요.

2   망고와 양파도 깍둑 썬 뒤 토마토와 양념을 넣어 뒤섞어요.

3   바게트에 버터를 바른 뒤 앞뒤로 노릇하게 구워 식힌 후 과일을 적당히 얹어요.

 내부 라벨: 1/4 piece 234kcal

쉽게 만드는 토르티야피자

INGREDIENTS

4인분

토르티야 2장(8인치)
피자치즈 150g
토마토파스타소스 3T

토핑
양파 1/4개, 햄 50g
피망 1/4개
캔 옥수수 2T
올리브 3개

HOW TO MAKE

1 양파, 햄, 피망은 옥수수 알갱이 크기로 깍둑 썰고, 올리브는 저며요.

2 토르티야 1장에 피자치즈 50g을 고루 뿌린 뒤 다른 토르티야로 덮어요.

3 그 위에 토마토소스를 바르고 토핑 재료를 고루 올린 뒤에 남은 피자치즈를 뿌려요.

4 200도로 예열한 오븐에 8~10분 정도 구워요.

4 pieces
210 kcal

먹어도 먹어도 닭강정

INGREDIENTS

8인분

닭다리살(정육) 500g,
다진 땅콩 2T
식용유(튀김용)

닭 밑간
우유 1/2컵
소금 1T
후추 1t

튀김 반죽
튀김 가루 1/2컵
전분 가루 1/2컵
얼음물 1컵
파슬리 가루 1T

소스
스위트칠리소스 4T
올리고당 4T
케첩 4T
고추장 1T
다진 마늘 2T
간장 1t
물 5T

HOW TO MAKE

1 닭다리살은 먹기 좋은 크기로 잘라 밑간에 30분 정도 재워요.

2 닭고기를 건져 볼에 담은 후 튀김 가루, 전분 가루, 파슬리 가루와 얼음물을 넣고 가볍게 섞어요.

3 튀김용 냄비에 식용유를 넣고 불을 켜 예열시킨 후 반죽을 넣어 바로 떠오르면(약 170도) 닭을 튀겨요. 연한 색이 될 때까지 1차로 튀긴 후 건져 내고 2~3분 정도 놔둔 뒤 센 불로 올려 연한 갈색이 될 때까지 다시 한 번 튀겨요.

4 팬에 소스 재료를 모두 넣고 바글바글 끓으면 튀긴 닭고기와 다진 땅콩을 넣고 가볍게 버무려요.

* 닭강정소스의 기본은 고추장과 케첩의 비율이 1:2예요. 여기에서는 아이들이 먹기 좋게 케첩의 비율을 높였어요.

* 시판용 닭튀김 가루로 튀김옷을 해도 맛있어요.

1 cup
246 kcal

폭신한 찜케이크

INGREDIENTS

HOW TO MAKE

8인분

크림치즈 80g
버터 2T
밀가루 1컵
베이킹파우더 1t
달걀 4개
설탕 1/2컵
지름 4cm 케이크컵 8개

1 크림치즈를 실온에 두어 부드럽게 한 뒤 중탕으로 녹인 버터를 넣고 섞어요.

2 밀가루와 베이킹파우더는 두 번 체에 쳐서 내린 후 1에 넣고 섞어요.

3 달걀을 거품기로 저어 섞은 뒤 설탕을 조금씩 넣으며 계속 거품을 내며 섞어요.

4 3에 크림치즈 반죽을 넣고 살짝 섞은 후 컵케이크 틀에 70% 정도 차게 부어요.

5 김이 오른 찜통에 20분간 쪄요.

2 pieces
206 kcal

귀여운 꼬마핫도그

INGREDIENTS

4인분

비엔나소시지 8개
식용유 약간

반죽
우유 1/2컵
달걀노른자 1개
핫케이크 가루 1/2컵

HOW TO MAKE

1 비엔나소시지는 끓는 물에 데쳐 건져요.

2 우유에 달걀노른자를 섞은 뒤 핫케이크 가루를 섞어요.

3 달군 팬에 식용유를 약간 두른 뒤 반죽을 소시지 길이로 길쭉하게 올려요.

4 약한 불에서 반죽이 거의 굳어지면 끝에 소시지를 놓고 돌돌 굴려 말아요.

5 끝에 반죽을 약간 묻힌 후 그 부분을 마저 익혀 꼬치에 꽂아요.

1/4 plate
210 kcal

한끼 식사용 궁중떡볶이

INGREDIENTS

4인분

떡볶이 떡 15개
양파 1/4개
당근 1/5개
피망 1/4개
표고 1개
대파 4cm
통깨 1t
식용유 약간
소고기(불고기용) 100g

고기 양념
간장 1T
설탕 1/2T
맛술 1/2T
다진 마늘 1t
다진 파 1/2T
후추 약간

떡 양념
간장 1t
참기름 1t

양념
간장 1T
설탕 1/2T

HOW TO MAKE

1 끓는 물에 떡을 살짝 데친 후 건져 떡 양념을 넣고 잘 섞어요.

2 양파, 당근, 피망, 표고는 굵게 채 썰고 대파는 어슷 썰어요.

3 고기는 굵게 썬 뒤 양념에 버무려 10분 이상 재워요.

4 달군 팬에 식용유를 약간 두르고 소고기, 표고를 넣고 볶다가 떡과 채소, 양념을 넣고 볶아요.

5 양념이 어우러지면 통깨를 뿌려 마무리해요.

＊ 바로 사온 떡은 부드러우니 데치지 않고 조리해도 돼요.

5 pieces
230 kcal

검은깨를 솔솔 뿌린 맛탕

INGREDIENTS

4인분

고구마 2개(300g)
식용유 1/2컵
검은깨 1t

시럽
설탕 2T
올리고당 4T

HOW TO MAKE

1   고구마는 껍질을 벗기고 먹기 좋은 크기로 썰어요.

2   작은 팬에 식용유를 넣은 뒤 온도가 오르면 고구마를 넣고 거품이 보글보글 올라올 때까지 중약 불에서 노릇하게 튀기듯 구워 건져요.

3   팬의 기름을 다른 데 옮긴 후, 설탕과 올리고당을 넣고 약한 불에서 젓지 않고 설탕을 녹여요.

4   충분히 녹아 끓어오르면 고구마를 넣고 뒤적인 후 검은깨를 뿌려 마무리해요.

*   에어프라이어를 이용한다면 잘라놓은 고구마에 기름을 골고루 묻혀 190도에서 15~20분 익힌 뒤에 시럽에 버무려요.

1 cup
130 kcal

건강한 수제딸기아이스크림

INGREDIENTS

4인분

냉동딸기 10개
우유 1컵
연유 2T
꿀 1T
레몬즙 1T
생크림 1/2컵

HOW TO MAKE

1 냉동딸기와 우유, 연유, 꿀, 레몬즙을 모두 믹서에 넣고 곱게 갈아요.

2 1에 생크림을 넣고 섞은 뒤 냉동 용기에 넣어 2시간 정도 얼려요.

3 포크로 위아래를 골고루 섞은 뒤 다시 냉동실에서 1시간 정도 얼려요.

4 3을 두세 번 더 반복하면 부드러운 아이스크림이 완성돼요.

1 cup
256 kcal

여름철 단골 단팥우유젤리

INGREDIENTS

4인분

팥 1/2컵
설탕 2T
소금 1/2t

우유 젤리 재료
판 젤라틴 3장
우유 125㎖
설탕 2T
바닐라에센스 2방울
생크림 130ml

용기
125ml 투명 컵 4개

HOW TO MAKE

1 팥은 깨끗이 씻어 냄비에 넣고 삶아요. 한 번 끓으면 물을 버리고 다시 물을 넉넉히 부은 뒤 팥의 알갱이가 손으로 눌렀을 때 쉽게 터질 때까지 삶아요.

2 1에 설탕과 소금을 넣고 물기가 자작할 때까지 끓여요.

3 판 젤라틴은 찬물에 10분 정도 불려요.

4 우유에 설탕을 넣고 따끈하게 데워 설탕이 녹으면 불린 젤라틴을 꼭 짜서 넣어 녹이고 불을 꺼 식혀요.

5 바닐라에센스와 생크림을 넣고 섞어요.

* 4개의 컵에 나누어 단팥을 담고 우유젤리를 부은 뒤 냉장고에서 3시간 정도 굳혀요.

요리별 찾아보기

엄마! 너무 맛있어요
내일도 맛있는 밥 주세요!

편식 걱정 뚝!
건강 유아식

초판 1쇄 발행 2021년 7월 20일

지은이 | 김보은, 안소현
펴낸이 | 박현주
책임편집 | 김정화
디자인 | 정보라
마케팅 | 유인철
사진 | 소동스튜디오(02-2636-2012)
사진 어시스트 | 박새봄, 김슬기
아이 모델 | 윤소울, 김사홍
푸드 스타일링 | noda+ 쿠킹스튜디오
쿠킹 어시스트 | 이주영, 길은진

펴낸 곳 | ㈜아이씨티컴퍼니
출판 등록 | 제2021-000065호
주소 | 경기도 성남시 수정구 고등로3 현대지식산업센터 830호
전화 | 070-7623-7022
팩스 | 02-6280-7024
이메일 | book@soulhouse.co.kr
ISBN | 979-11-88915-46-0 13590

이 책은 저작권법에 의해 보호 받는 저작물이므로 본사의 허락 없이
무단 전재와 복제를 금합니다.

잘못된 책은 구입하신 서점에서 바꾸어 드립니다.